乡镇控制性详细规划设计

吉燕宁 钟 鑫 姜 岩 编著

中国建筑工业出版社

图书在版编目（CIP）数据

乡镇控制性详细规划设计 / 吉燕宁，钟鑫，姜岩编
著. — 北京：中国建筑工业出版社，2023.12
ISBN 978-7-112-29399-5

Ⅰ．①乡… Ⅱ．①吉… ②钟… ③姜… Ⅲ．①乡村规
划—规划布局—中国 Ⅳ．①TU982.29

中国国家版本馆 CIP 数据核字（2023）第 241094 号

责任编辑：费海玲　张幼平
责任校对：张　颖
校对整理：赵　菲

乡镇控制性详细规划设计
吉燕宁　钟　鑫　姜　岩　编著

*

中国建筑工业出版社出版、发行（北京海淀三里河路9号）
各地新华书店、建筑书店经销
北京红光制版公司制版
北京中科印刷有限公司印刷

*

开本：787毫米×1092毫米　1/16　印张：13¼　字数：316千字
2024年1月第一版　2024年1月第一次印刷
定价：**58.00**元
ISBN 978-7-112-29399-5
（42093）

前　　言

　　本书是依托沈阳城市建设学院建筑与规划学院城乡规划本科"控制性详细规划"设计课程的近五年教学改革实践，专门针对乡镇控制性详细规划设计课的教学特点、课堂设计与真实项目编写的参考书，旨在为城乡规划学科开设"乡镇特色"控制性详细规划设计课提供教学借鉴，为学生在设计课程中完成一整套控制性详细规划编制成果提供具体指导，同时也适合相关规划技术人员、规划管理人员等概略了解乡镇控制性详细规划的编制方法与基础知识等。

　　本书首先介绍了国土空间背景下我国控制性详细规划的发展演进历程、法定地位、编制方法与知识要点等综合理论基础，然后结合沈阳城市建设学院乡镇特色控制性详细规划设计课程的教学安排、课堂组织、题目设置与学生作业等，实证性地阐述了控制性详细规划设计课程的具体教学方案、教学方法、教学手段、教学要求与成果产出，并从开发地块指标研究、城市设计结合控制性详细规划、文本与说明书撰写等角度开展规划方法探讨与案例剖析，从而为城乡规划专业本科生学习乡镇特色的控制性详细规划提供详尽的方法指导与范例参照。

　　本书由建筑与规划学院城乡规划专业教师撰写完成。由于编写时间和水平有限，难免有疏漏及不妥之处，恳请广大读者批评指正，以便作进一步的修改和完善。

目　　录

第一章

背景与理念：
国土空间规划背景下乡镇控制性
详细规划编制理论基础

第一节　国土空间背景下详细规划编制的新需求

2019年5月印发的《中共中央　国务院关于建立国土空间规划体系并监督实施的若干意见》（以下简称《意见》），明确了"详细规划是对具体地块用途、开发建设强度等作出的实施性安排，是开展国土空间开发保护活动、实施国土空间用途管制、核发城乡建设项目规划许可和进行各项建设等的法定依据"。详细规划作为国土空间规划"五级三类"体系的重要组成部分，不仅是落实国土空间总体规划战略意图、衔接相关专项规划特定要求、面向开发建设实施等的主要途径，更是全面促进国家治理体系和治理能力现代化的重要抓手。

长期来看，详细规划特别是控制性详细规划（以下简称"控规"）一直是城乡规划管理、维护开发建设秩序的重要工具。然而，在国土空间治理能力现代化视角下，详细规划已从城乡开发建设活动的"管理"工具变为全域国土空间开发、保护、利用、修复的"治理"工具，其编制方法和编制技术的改革与创新迫在眉睫。如何在落实原有刚性管控、建设管理等功能的基础上，回应社会和市场的需求变化，实现国土空间的精准与高效供给，是当前详细规划面临的重要挑战。为此，本书从详细规划相关法律法规的演变着手，明晰不同时期详细规划编制的重点任务，探讨国土空间规划体系下详细规划编制的新需求与新策略，以期为空间治理的创新实践提供新思路。

面向空间治理阶段，详细规划主要对具体地块用途和开发强度等作出实施性安排。《意见》明确详细规划强调实施性，一般在市县以下组织编制，是国土空间开发保护、用途管制、规划许可等的法定依据，主要特点体现在：

① 空间范围上。详细规划分为城镇开发边界内和开发边界外两类规划，将乡村规划纳入了详细规划范畴，同时需要与水利、农业、生态环境保护等涉及非建设空间的专项规划做好衔接，并纳入其主要内容。

② 编制方式上。详细规划不仅要依据批准的国土空间总体规划进行编制，落实其强制性内容，还要响应地方以人为本的开发建设需求，实现空间的有效与精准供给。

③ 治理体系上。详细规划不仅需要完善法规政策体系，强化规划权威性，还要因地制宜地确定用途管制制度，为地方管理和创新活动留下空间，坚持上下结合与社会协同，完善公众参与制度。从强制性指标管控到上下统筹的空间治理，详细规划的发展也从面向规划管理走向面向空间治理。

1. 全域统筹的空间治理需求

从相关法律法规的演变来看，详细规划已从面向开发建设阶段"摆房子"的"统筹安排"到面向规划管理阶段划定抽象指标的"强制性管控"，再到面向空间治理阶段上下结合的"全域统筹与共享共治"。鉴于国土空间规划中详细规划功能定位与现行控规大致相同，加之国务院已取消重要地块的修规审批，这里探讨的详细规划编制的新需求主要针对的是在现行控规基础上，以城镇建设空间、乡村建设空间及农业、生态等具有详细规划特点的非建设空间。

（1）城镇建设空间

伴随着城镇开发从"增量扩张"转向"存量挖潜"，建设活动也从"大拆大建"转向"更新改造"，更加关注品质空间营造、特色空间塑造和社会空间治理等。然而，以"功能分区＋指标管控"为主导的控规编制虽然适用于土地出让管理和整体开发控制，但是已经无法满足空间发展的多元价值诉求，主要问题体现在：①品质空间营造不足。现行控规主要运用"平面化、指标化"的控制方式进行城镇空间建设，对不同区域空间肌理的复杂性、功能的复合性、生活的多样性等关注欠缺，导致空间千篇一律。②社会空间治理欠缺。存量开发背景下以局部改造、综合整治为主的开发建设涉及大量产权问题，需要将个人权属关系、多元利益诉求和公共利益保障等纳入详细规划编制，现行控规对该方面的关注尚有不足。

（2）乡村建设空间

乡村建设空间包括集中建设空间（住宅用地、产业用地和公共设施用地等）及外围弹性建设空间。随着《中华人民共和国土地管理法》（2019年修订版）明确"国土空间规划确定为工业、商业等经营性用途，且已依法办理土地所有权登记的集体经营性建设用地，土地所有权人可以通过出让、出租等方式交由单位或者个人在一定年限内有偿使用"，破除了集体经营性建设用地入市的法律障碍。作为乡村一二三产业融合发展的重要载体，集体经营性建设用地为乡村产业发展提供了空间保障。在乡村振兴背景下，集体经营性建设用地要素流通加快，需要借助详细规划落实用地入市规模、控制指标和功能布局等管控内容，为各项建设提供法定依据，对统筹城乡建设用地市场、盘活乡村闲置资源和提高乡村空间治理水平意义重大。然而，现行控规重点关注城镇建设空间，对乡村建设空间的治理的关注并不充分。

（3）非建设空间

落实全域空间用途管制是空间治理的基础，其要求管制对象从"点"扩展到"域"，从过去局限在城镇建设空间转向全域国土空间。同时，乡村经济的发展依靠农业、旅游休闲和近郊服务等业态，故农业、生态等非建设空间是乡村经济的重要载体，对其的合理利用更是实现乡村振兴的重要途径。然而，非建设空间治理存在以下问题：①消极治理。当前对非建设空间的治理以生态、农业保护为导向，编制生态保护专项规划，对开发建设活动实施强制性管控，严重限制了现代农业配套设施等的建设，对乡村的合理建设诉求响应不足。②缺乏统筹。现有管控体系包括林业、农业和水利等多部门的空间管控要求，不仅存在交叉重叠的问题，还存在各部门管控冲突的问题，"九龙治水"现象严重。

2. 详细规划编制应对

国土空间总体规划是详细规划的依据，同时详细规划又是国土空间开发保护、用途管制、规划许可等的法定依据。因此，一方面详细规划要自上而下落实总体规划的战略性与强制性内容，如城市发展目标与定位、"三区三线"管控、公共服务保障等，另一方面详细规划作为实施性规划，也要把握自下而上的开发建设需求。然而，现行控规仍存在以下问题：一是自上而下的管控缺乏统筹。目前以单个地块编制控规存在空间破碎化问题，总体规划的战略性、强制性等目标缺乏统筹。二是对自下而上的开发建设需求考虑不足。在

《城乡规划法》颁布后，许多城市在短期内开展控规全覆盖总体规划区的实践，导致控规管控与后续开发建设需求脱节，需求侧与供给侧的"盲区"凸显。

详细规划是对具体地块用途和开发建设强度等作出的实施性安排，其实质是对空间中的开发权益进行分配，故需要控规在开发建设中起到法定文件的作用，同时保障多元主体的利益。然而，现行控规在编制、调整、审批等过程中存在以下问题：①规划频繁调整与随意修改。以往控规在"土地财政"和"增长机器"的双重推动下，时常沦为地方政府和开发商的"牟利工具"，导致规划出现频繁调整、随意修改等问题，其法定地位受到极大挑战。②多元主体协同参与机制不完善。从空间治理视角审视规划调整问题，发现其在很大程度上是由治理机制不完善所引起的，主要体现为参与主体单一、缺少利益协调平台、决策过程封闭和公众参与程序流于形式等问题，尚未形成政府、开发商和公众等多元主体协同参与的治理机制。

在全域空间治理需求下，详细规划要依据各类空间的建设特点，从品质性、实用性和积极性三个角度分类细化管控重点。

（1）品质性：城镇建设空间治理

在存量更新背景下，"小规模、渐进式"的开发建设活动将是空间发展的"主旋律"，对城镇建设空间的治理应关注以下两点：①整合优化现状要素，分类塑造高品质空间。详细规划编制要对现状肌理、建筑形态、功能布局等空间要素进行评价、整合与优化，重点关注特色空间营造与高品质空间塑造。一方面，充分尊重、挖掘和提炼现状空间特征，将管控要素通过图示语言与文字说明相结合的方式进行控制引导，塑造特色空间形态；另一方面，通过附加图则的方式将城市设计的重点研究内容纳入详细规划，分类型、精细化打造高品质空间形态。②从单纯的物质空间形态管控深入社会形态治理。面对存量地区复杂的产权关系，详细规划编制要进行深层次的社会调查，从空间形态延伸至空间权利，尊重和保护主体产权，在兼顾市场利益的同时保障公共利益的落实。

（2）实用性：乡村建设空间治理

对乡村建设空间的治理，要在现行控规指标、功能等管控的基础上，分类细化建设空间治理，打造实用性乡村规划，助力乡村振兴。在集中建设空间治理方面，对于集体经营性建设用地，通过"详细规划＋规划许可"和"约束指标＋分区准入"的方式，依据乡村产业发展所需，统筹增量与存量，助力乡村产业发展。对于住宅用地，通过"约束指标＋形态管控"的方式，维持、提炼和优化现有乡村空间肌理，塑造特色乡村空间形态。对于公共设施用地，按照人均建设用地指标对各类配套设施用地进行治理，旨在提升乡村生活的适宜度与便捷度。在外围建设空间治理方面，在强调生态、农业空间保护的前提下，以"约束指标＋正负面清单"的方式进行治理，同时促进零散建设用地的集中与规模化发展。

（3）积极性：非建设空间治理

非建设空间治理是实现全域、全要素及全方位空间治理的重要一环，应重点关注两方面内容：一方面是从消极管控转向积极治理。依据资源环境承载能力和国土空间开发适宜性评价，在落实生态保护红线和永久基本农田保护红线的底线管控基础上，赋予非建设空间多元功能和实用价值，通过"约束指标＋分区准入＋正负面清单"的方式强化空间管制。例如，根据用途分区制定准入条件，明确允许、限制、禁止的产业和项目类型清单，对建设规模、位置、环境保护等核心指标进行管控，同时响应乡村现代农业、旅游业等发展的空间需求。另一方面是通过"一张图"融合不同职能部门的专项规划。为解决"多规"交叉与矛盾管理的问题，应通过国土空间规划"一张图"系统整合与统筹林业、农业等多部门的管控要求，明确各部门之间的管控界限与责任边界。

第二节 国土空间背景下的"总详联动"

2018年3月，自国务院机构改革以来，国土空间规划的改革一直是社会各界持续关注的焦点。2019年5月《中共中央 国务院关于建立国土空间规划体系并监督实施的若干意见》（以下简称《意见》）出台，要求建立全国—省—市—县—乡镇"五级"，以及总体规划、详细规划、专项规划"三类"国土空间规划体系，并要求强化规划的战略性、科学性、协调性和操作性。经过数年探索实践，国家、省和市级国土空间规划编制工作持续深化，业界对于国土空间总体规划的总体要求、框架体系、内容深度有了较深的认识。学界对国土空间规划体系的演变历程、规划体系构建、重（难）点内容和总体层面空间规划的制度设计等进行了较多的研究，并对村庄规划等详细规划的编制思路进行了有益的探讨。总体来看，与国土空间规划编制实践的进度一致，学术界对总规层面的探讨更为深入，对于镇级国土空间规划及详规的探讨尚不多见，尤其是对于总规与详规如何有序衔接的研究有待加强。

尽管《意见》提出了在城镇开发边界内外分别编制详规的要求，但对于国土空间规划体系下详规与现行控规的衔接关系并未予以明确。同时，如何改善原城乡规划体系下控规编制存在的问题，也值得深入探讨。这里认为将详规制度设计放在国土空间规划体系之下，考虑总规与详规的有效传导和衔接，对于完善二者的编制具有重要的意义。

1. 完善中间层，构建"总详传导链"

根据《意见》确定的"五级三类"规划体系，从一级政府一级事权一级规划的视角来看，这里认为《意见》中从市级总体规划到详细规划的传导体系实际可以分解为"市级—县（区）级—镇（街道）级—地块"4个层级，即大城市、特大城市的各分区和街道可分别对应至县级、镇级。对应的政府层级和规划分别是：市级政府编制市级国土空间规划，县（区）级政府编制县级国土空间规划，或特大城市的各行政区编制区级国土空间规划，镇（街）政府编制镇（街道）级国土空间规划或街道层面规划，地块层面编制详细规划。其中，县（区）级、镇（街道）级国土空间规划在实际上起到了从总规到详规的纵向传导作用（图1.2.1）。

2. 镇（街道）级规划是总详联动的关键环节

镇（街道）级规划虽然在"五级三类"体系中被纳入总规范畴，但作为总规的最末端，它对于详细规划编制的指导作用更为直接，同时还可作为详细规划评估反馈的中间层级，实际处于空间规划体系中承上启下的关键位置。从行政角度来看，乡镇人民政府、城

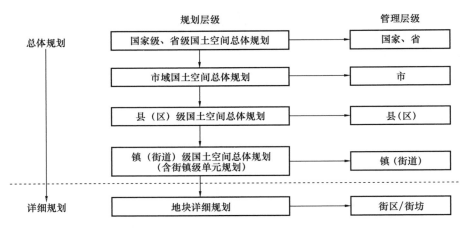

图 1.2.1　国土空间规划纵向传导体系示意图

市中的街道办是实际基层组织，本身需要承接市级、县级国土空间规划的传导要求，确保规划任务的有效落实和规划成效的评估考核，而在空间范围尺度上来看也较适宜向下层次详细规划传导规划要素和管控要求。

目前，我国部分大城市、特大城市进行了单元规划的探索，其目的是将详细规划进行分层，构建新的传导层级。在具体实践过程中，单元规划边界应更好地衔接街道、镇、村界等行政管理边界，以更好地发挥规划实施主体的作用。因此，部分地区单元规划实际应纳入镇（街道）级规划，以保障规划的法定性。

3. "刚性落实" 与 "弹性调整"

随着生态文明和安全发展观念日益深入人心，城市发展底线成为国土空间规划的重要前置条件。按照国土空间规划全域全要素管理及新时期推进城市安全发展的要求，底线性内容成为国土空间开发保护格局的重要内容，主要包括"大三线"（生态保护红线、永久基本农田、城镇开发边界）、"小四线"（绿线、蓝线、紫线、黄线）、各类自然资源保护线和灾害风险管控线等。但底线管控并非一劳永逸且完全不能调整，其需要吸取以往城乡规划中直接采取"三区四线"边界核查项目带来的管控过细、难以适应实际发展需求、难以落实强制性内容的教训，结合不同事权建立分层管控机制，促进底线管控能适当调整、趋于吻合管理实际。在确保各类底线规模总量不变的情况下，底线管控传导应着重于区分各类边界的调整机制，按照保护程度的不同可分为"永久型"控制线和"预控型"控制线两类（表 1.2.1）。

底线要素传导机制建议　　　　　　　　　　　　　　　　　　　　　　表 1.2.1

底线要素		市级规划	区级规划	镇级规划	详细规划
"永久型"控制线	生态保护红线、永久基本农田、历史文化保护线、自然灾害管控线、重要的且边界明确的蓝线/绿线	定量＋定界	严格落实上级规划的规模与坐标	严格落实上级规划的规模与坐标	严格落实上级规划的规模与坐标

续表

底线要素		市级规划	区级规划	镇级规划	详细规划
"预控型"控制线	城镇开发边界	定量＋划示边界	定量；划示集中建设区、弹性发展区、特别用途区、战略留白区边界	划定开发边界坐标	严格落实上级规划的规模与坐标
	难以明确边界的市级蓝线和绿线（"预控型"蓝线/绿线）	定量＋划示"预控型"市级蓝线/绿线	定量＋划定"预控型"市级蓝线/绿线＋划示区级蓝线/绿线	划定各级管控线坐标	严格落实上级规划的规模与坐标
	林地、耕地、海洋等自然资源	定量＋核心要素划示边界	定量＋核心要素划定边界	定量＋划示各类要素边界	定量＋划定各类要素边界

（1）"永久型"控制线：定量＋定界传导

生态安全、粮食安全、城市安全中的地质安全和防洪安全区、重要历史保护区，以及市级层面承担重要休闲游憩功能的水系和公园绿地等不仅是涉及地方可持续发展的关键要素，还是总体国家安全观下的重点管控内容，属于底线性控制线，管控刚性程度最高。市级规划编制过程建议严格传导国家、省层面的管控要求或规模总量，并通过市区联动的协调机制，划定生态保护红线、永久基本农田、重要的地质灾害管控线和重大设施黄线、历史文化保护线及市级层面的蓝线、绿线等管控边界，确保各类管控线的规模和坐标在县（区）、镇（街道）级规划中逐级严格落实。

（2）"预控型"控制线：定量＋划示边界传导

在实际管理中，除上述底线性要素外的其他控制线更容易涉及具体开发建设行为，往往因线性工程、用地调整等需进行弹性管控，不适宜在市级层面将管控边界定位得过于精准。因此，这类底线在总体规模不变的基础上，可按照"划示边界"方式进行传导，允许边界在下层次规划进行一定调整。例如，城镇开发边界具有较强的"发展主导"属性和地方政府事权，建议在市级规划中仅确定大致边界，在县（区）级规划中再进一步明确集中建设区、弹性发展区、特别用途区、战略留白区的规模和大致边界，并在镇（街道）级规划中确定具体边界。永久边界以外的绿线、蓝线及各类自然资源管控线则可以进一步采取"分层划示边界"的传导方式。例如，可对难以确定边界的市级绿线和蓝线采取划示方式，列为市级"预控型"蓝线/绿线，在县（区）级规划中再确定"预控型"市级蓝线/绿线的坐标边界，同时划示县（区）级蓝线/绿线，镇（街道）级规划则最终明确各层级蓝线和绿线的边界范围，指导地块层面规划的编制。

传统控规通常将交通路网、地块划分、土地利用、建筑量和建筑高度等细微管控要素一次性确定下来，这种毕其功于一役的方式确实增强了控规的管控力度，但全面刚性却容易导致适应脆性。因此，能否将传统控规面临的诸多控制任务、控制要素进行分层至关重要。

在国土空间规划背景下，镇（街道）级规划为控规分层提供了良好的平台。一方面，镇（街道）级规划涉及的内容与镇政府、街道办等基层政府事权联系紧密，有利于发挥基层政府的日常管理和统计反馈作用；另一方面，镇（街道）级规划可以起到"第一层次的详细规划"的作用，将整体路网结构、镇级以上公共服务设施及基础设施的总量和布点、总体建筑量、底线管控等要素的管控要求在规划中予以明确。在此基础上，镇（街道）级规划结合街区范围划分若干控规编制单元，将相关指标予以分解，作为具体地块详细规划编制的要求和指引，只要不突破镇（街道）级规划确定的总体性要求，则可根据具体情况对具体地块的规划要求进行调整和控制。

对接落实国家空间规划改革要求，结合目前城市建设逐渐进入存量开发阶段的现实需求，镇（街道）级规划应能更好地反映不同地区的特点，体现因地制宜的治理思路。例如，对接"三生"空间，可以在镇（街道）级规划中区分城镇空间类、农业空间类、生态空间类3种类型。城镇空间类镇（街道）级规划结合城镇建设条件，又可以细分为重点地区类、城市更新主导类、历史文化保护类和一般地区类等，对应不同类别，分别提出与之相对应的管控要求或指标，如城市更新主导类镇（街道）级规划更倾向于突出产业建设量占比、配套服务设施及保障性住房等管控需求。农业空间类镇（街道）级规划则更为强调村庄分类差异化引导、村民建房与配套设施、耕地整治与生态修复等方面的要求。生态空间类镇（街道）级规划在严格落实生态保护红线等管控线的基础上，进一步强化建设退出管控和生态修复等要求。

第三节 优 秀 案 例

1. 杭州市萧山区进化镇全域控制性详细规划

随着国土空间规划的全面推进，以及全域全要素一张图精准化治理的不断深化，传统城市规划体系已经无法适应新的发展需求。杭州市萧山区以进化镇为试点进行全域控制性详细规划的研究，在全要素全覆盖精细化现状梳理的基础上，提出"减、控、融、活"四大策略，并结合国土空间规划体系重构及详细层面规划要求，创新构建分级分类管控体系，力求为国土空间规划体系的进一步完善提供借鉴。

（1）土地整理，减量增效

针对乡镇现状存量建设普遍绩效不高，增量建设管控引导不够的问题，以资源环境承载能力评价和国土空间开发适宜性评价为基础，框定全域建设开发总体容量。提出建立城乡建设用地增减挂钩机制，推进全域统筹、规模减量、提质增效，在建设用地总量锁定的基础上，通过结构优化和布局优化，提高全域土地利用效率。

（2）梳理矛盾，分区管控

针对镇域开发边界外规划管控矛盾，通过目标指标管控、分区准入管控、全域全要素用途管控，提升镇域开发边界内规划管控的战略性、严肃性和操作性。

（3）因地制宜，融合发展

针对景观特色不显、设施配套短板问题，规划以保障民生、改善民生为重点，因地制宜加快推进城乡基本公共服务均等化，加强生态格局维系和景观特色塑造。同时考虑到新经济新功能需求，加强旅游服务设施布局引导。

（4）协同创新，激发活力

针对城镇发展动力不足和新经济新业态培育不够问题，规划依托进化镇生态人文优势以及特色产业基础，构建"大旅游＋特色制造"产业发展体系，通过产业布局优化、村庄分类引导，激发产业活力，谋划乡村振兴。

进化镇全域控规的实践

（1）推进规模减量，盘活低效存量，优化流量增效

① 推进规模减量

规划根据进化镇域生态承载力评价及单元减量化潜力分析，着重推进违法违章建设及零散低效建设用地逐步减控，其中规划梳理出"逐步减控"类工业用地达 110.35 万 m²，规划引导对其进行拆减。

② 盘活低效存量

积极盘活低效存量空间。采用"保留＋整治"模式推进产业发展条件相对优越的工业区块退二优二，推进农村集中区、特色村落优化空间的完善配套；采用"转型＋造血"模式推进周边环境资源优越的低效工业、废弃矿山、空心村退二进三、功能再造（图 1.3.1）。

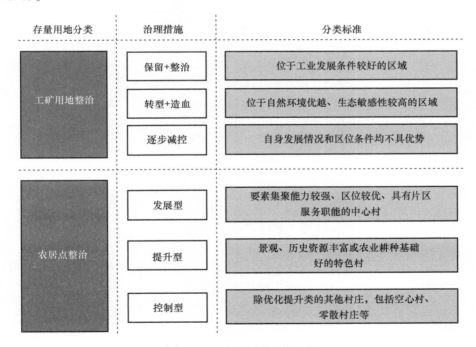

图 1.3.1　存量用地分类措施

③ 优化流量增效

衔接城乡建设用地增减挂钩以及低丘缓坡开发利用等相关政策，优化增量建设用地空间布局。规划引导流量用地向集镇建成区和保留村庄建成区集聚。此外，考虑浦阳江和东部山地的优势资源和战略价值，引导沿江地区形成若干新经济功能组团，东部山地零散布局与生态保护相容的新经济节点。

（2）锁定目标指标，分区严控准入，全域优化布局

① 锁定目标指标

规划围绕进化镇净心文旅特色镇、古越风情展示区、美丽和谐宜居地的目标定位，融合用地集约、绿色生态、产业活力、城乡景观、生活品质等多维度制定单元发展指标体系，通过构建可考核、可检测、可评估的目标指标，推进战略定位的实施落地（图 1.3.2）。

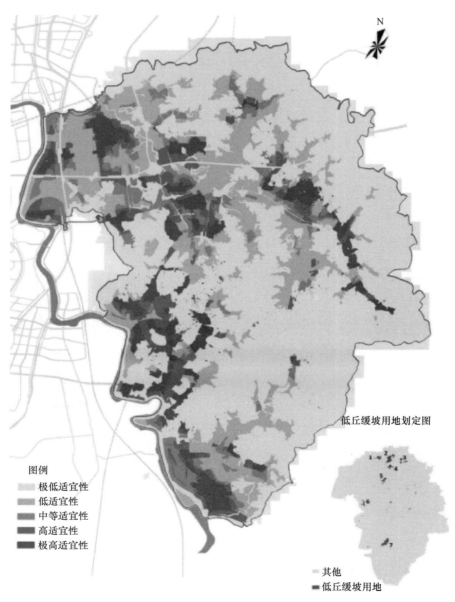

低丘缓坡用地划定图

图例
极低适宜性
低适宜性
中等适宜性
高适宜性
极高适宜性

其他
低丘缓坡用地

图 1.3.2　全域用地评价

② 分区严控准入

秉承"生态优先""先底后图""三线不交叉"的原则落实生态红线和永久基本农田保护线，根据发展预测及开发规模指标划定城镇开发边界。规划还划定城镇建设区、农林复合区以及生态红线区三大空间管制区域，并制定差异化的项目准入清单（图1.3.3）。

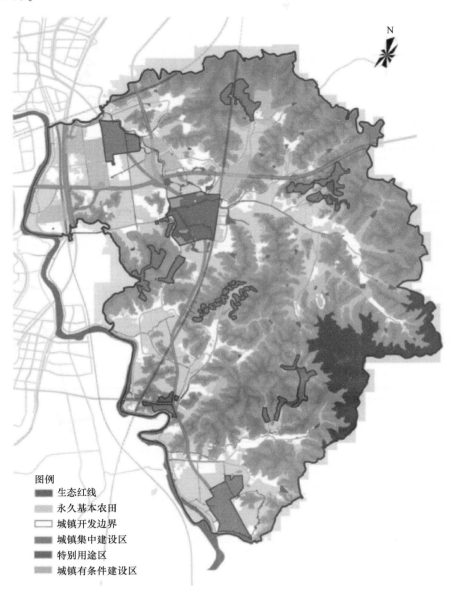

图例
- 生态红线
- 永久基本农田
- 城镇开发边界
- 城镇集中建设区
- 特别用途区
- 城镇有条件建设区

图 1.3.3　镇域"三线"控制

③ 全域优化布局

结合企业和村民搬迁意愿调查，推进镇域土地综合整治，通过全域覆盖用途管控，形成农田集中连片、建设用地集中集聚、空间形态集约高效的美丽国土新格局。空间布局突出"刚弹结合",针对郊野地区组团点状建设模式,规划在不突破容量上限、生态底线等刚性要求的前提下,划定有条件建设区,实施项目选址弹性管控(图1.3.4)。

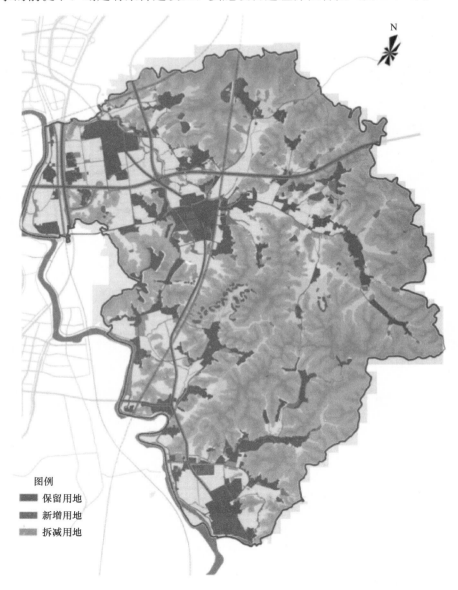

图 1.3.4 全域土地整治规划

(3)融合山水景观,畅通旅居出行,均衡城乡配套

① 融合山水景观

规划基于现状生态基底,融合区域生态带(杭州东南部生态带)管控要求,以"一江、一溪、两谷、三区,田园斑块联通"的生态要素为核心,构建形成山水谷地田园镇村相融的镇域生态网络(图1.3.5)。同时,规划结合景观敏感性评价,划定景观敏感区,提出区内项目编制景观影响评价要求。

图 1.3.5　生态网络规划

② 畅通旅居出行

规划着力推进衔接区域交通，优化镇域城乡交通体系，完善绿道慢行系统、停车设施与景观驿站，形成便捷畅达、绿色安全、旅居结合的交通体系。

③ 均衡城乡配套

结合村庄组团散点式布局特征，公共设施考虑服务半径要求适度分散布局，给水排水等市政设施采用"集中＋分散"结合模式，因地制宜、全域覆盖推进城乡服务设施配套均等化。

（4）提升功能业态，增强产业活力，谋划乡村振兴

① 提升功能业态

依托进化镇生态人文优势以及特色产业基础，构建"大旅游＋特色制造"产业发展体系，构建包括康体养生、农业体验、文化创意、旅游休闲、电子商务等在内的新经济产业体系，推进现状传统产业向节能环保装备、移动终端装备、高端汽配、医疗运动装备、文创产品智造等生态型产业转型，推进一二三产融合发展（图1.3.6）。

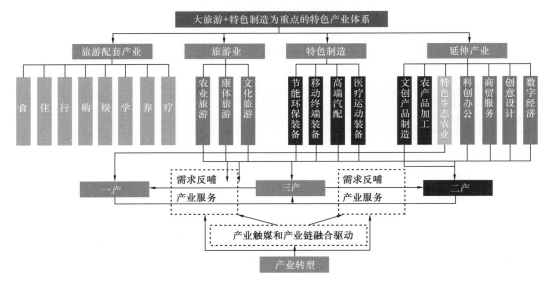

图1.3.6　进化镇产业体系

② 增强产业活力

通过用地布局优化，利用存量建设用地推进功能转型，利用增量建设用地植入新功能新业态，激发产业活力。

③ 谋划乡村振兴

结合村庄现状、区位、资源特色，分类推进村庄整合布局，引导特色民宿、特色精品村建设，谋划乡村产业振兴。

（5）创新分级规划管控体系，适应国土空间全域

结合控规编制相关技术要求，规划按照单元—片区—地块三个层级实现规划管控的全域覆盖。单元层次重点控制"三线三区"（"三线"即生态红线、建设用地开发边界、永久基本农田红线；"三区"即生态空间、农业空间、城镇空间），片区划分及主导功能确定，道路交通规划、公共设施和市政基础设施规划等；片区层次重点控制建筑开发容量、居住人口容量、片区绿地与开敞空间、保障性设施等内容；地块层次规定地块的使用性质、开发强度、交通出入口方位等内容。

2. 上海郊野单元

2010年，《中共中央　国务院关于加大统筹城乡发展力度　进一步夯实农业农村发展基础的若干意见》等文件先后发布，要求推进土地整治工作。上海编制了《上海市土地整治规划（2011—2012年）》，明确以综合型土地整治推进上海转型发展，目标由原来单一的以耕地保护为主，转向综合型治理，包括增加耕地数量、提高集约水平、完善生态网络、优化空间形态。随着市级和区级土地整治规划完成，一些土地整治项目开始启动，但在宏观规划与项目之间还缺少中观层面的研究，尤其是涉及系统性的问题，需要中观规划加以引导，于是提出镇级土地整治规划，也就是郊野单元规划。

郊野单元是在集中建设区外的郊野地区实施规划和土地管理的基本地域单位，是郊野地区统筹各专项规划的基本网格，原则上以镇域为 1 个基本单元。对于镇域范围较大，整治内容、类型较为复杂的，可适当划分 2～3 个单元。

郊野单元规划是根据所在镇（街道、乡）国民经济和社会发展要求，对集中建设区外郊野地区的用地规模和结构布局、生态建设和环境保护等所作的一定期限内的综合部署和具体安排，是落实集建区外现状建设用地减量化任务的实施规划，是指导集建区外土地整治、生态保护和建设、村庄建设、市政基础设施和公共服务设施建设等规划编制和土地管理工作的依据。

郊野单元规划以镇（乡）为单位进行编制，是镇（乡）层面的土地整治规划，同时也是统筹引领集建区外郊野地区长远发展的综合性规划。在镇（乡）级土地利用总体规划和城乡总体规划指导下，同时向上承接区（县）级土地整治规划，落实上位规划的相关指标、任务和要求，向下指导郊野单元规划实施方案和土地整治项目可行性研究报告等文件的编制和实施，进而指导集建区外各类项目建设和各类土地整治活动。郊野单元规划实施方案（类详规），是在郊野单元规划指导下进行编制，经批准的郊野单元规划实施方案作为集建区外建设用地（包括使用国有土地和集体土地）供应的规划依据和前提条件，是规划行政管理部门向建设单位或个人颁发集建区外建设项目规划许可（"一书三证"，即选址意见书、建设用地规划许可证、建设工程规划许可证或乡村建设规划许可证）和土地行政许可手续的管理依据。

郊野单元规划的主要内容包括三个方面：

① 农用地（含未利用地）整治

包括田、水、路、林等农用地和未利用地的综合整理、耕地质量建设（含设施农用地布局规划等）和高标准基本农田建设等基本内容。

② 建设用地整治

研究并确定集建区外现状建设用地的分类处置和新增建设用地的规模、结构和布局，重点是通过对集建区外的现状零星农村建设用地、低效工业用地等进行拆除复垦，实现减量化。一方面，要分类明确集建区外现状建设用地中的保留和复垦地块，并制定近、远期的复垦减量化目标；另一方面，根据减量化激励措施和实施机制，明确根据减量化目标产生的类集建区建设用地规模，并按选址要求进行布局。

③ 专业规划整合

郊野单元规划为开放性规划平台，通过统筹协调集建区外农村建设所涉及的各类专业规划，整合各领域资源，实现集建区外格局优化、用地集约、生产高效、生活便利、生态改善、城乡统筹的发展目标。

同时，为指导郊野单元规划实施方案编制，郊野单元规划中需明确郊野单元规划实施方案的编制范围和相关要求。

2017 年，随着党的十九大提出"乡村振兴"，乡村地区建设项目陆续启动，《中共中央　国务院关于建立国土空间规划体系并监督实施的若干意见》提出构建国土空间规划体系，明确村庄规划法定地位，同时"上海 2035"总规正式批复，确定了上海未来发展的目标和模式。在此背景下，郊野单元 3.0 版落实中央要求并适应上海特点，从镇级土地整治规划转向村庄规划，重点解决规划传导、用途管制依据、建设项目依据、推动实施等问题。具体做法包括以下四个方面：

一是落实上位规划要求，传导刚性管控内容。根据"上海 2035"总规和区级总规的要求，落实"四线"及相关刚性管控内容，在镇域和村域内进行细化落地。由于上海镇级国土空间规划尚未覆盖，所以郊野单元规划 3.0 版采用了"镇＋村"的方式，在镇域层面明确分区管制要求，在村域图则上将刚性管控内容具体落地。

二是深化空间布局，落实各项用地安排。为引导农民集中居住，上海提出农民安置的 3 条路径——"E＋X＋Y"：E 为城镇集中安置区，原则上为城市开发边界内规划农民集中居住区，按照国有建设用地进行供地；X 为农村集中归并点，由零散的宅基地归并形成，用地性质仍为"宅基地"；Y 为农村保留居住点，可按照农民建房要求进行翻建、改建、插建。通过"E＋X＋Y"镇村体系的构建，完成各类基础设施和公共服务设施的系统规划，形成近期和远期的布局规划。

三是明确三大空间，指导用途管制实施。深化确定城镇、生态、农业空间，加强非建设用地的规划引导，指导后续农业建设项目、生态修复项目的用途管制。

四是实行图则管理，指导乡村各类项目实施。在村域层面编制规划图则，图则编制原则是"管什么批什么，批什么编什么"。同步建立弹性实施机制，促进规划管控、项目设计和行政审批深度融合。考虑到乡村建设项目不确定性大的特点，制定了弹性机制，即"一策划六方案"，要求必须有具体项目和建设需求才启动，将项目行政审批里涉及的内容提前到设计层面来研究，可以同步完成上位规划的调整，并同步核发乡村建设规划许可证，构建一条乡村建设项目的绿色通道。同时，对行政审批流程进行压缩合并，编过"一策划六方案"的后续审批流程在 30 天左右，大大节省地方建设项目的审批时间（图 1.3.7～图 1.3.9）。

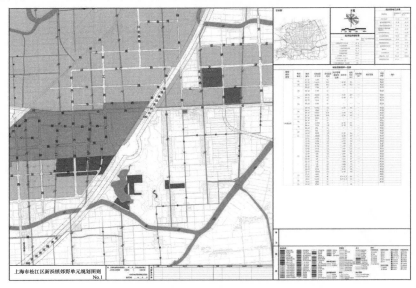

图 1.3.7　新浜镇郊野单元规划——类集建区规划图则

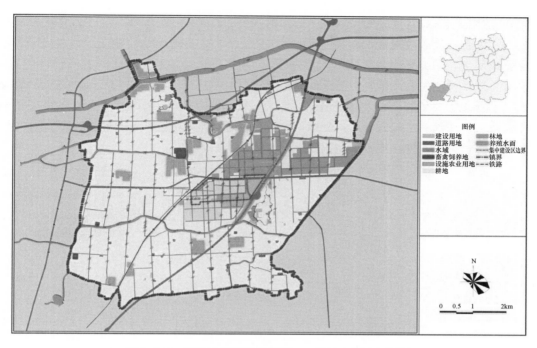

图 1.3.8 新浜镇郊野单元规划——设施农用地规划图

图 1.3.9 新浜镇郊野单元规划——田间道路系统规划图

　　郊野单元规划实质是一个整合性的规划，整合了涉及减量化的一系列城乡规划和土地规划，也整合了宏观、详细和项目三个层面的内容。正是由于它是围绕一个政策的一系列规划，考虑到政策的可变性，以及内容的深浅不一，它不能作为法定规划，但对法定规划都深化或调整，如类集建区是对集建区的调整，应当纳入土地利用总体规划，宅基地的减量会对总规镇村体系有调整，对村庄规划更有极大影响。因此，郊野单元规划完成后需要开展一系列法定规划的调整，但目前郊野地区现有的法定规划，如城乡规划中的新市镇总规、村庄规划还没有给郊野单元规划留好接口。如果不加以衔接，未来会出现各做一套、互相矛盾的情况，需要在规范编制前期就予以重视。

第二章

乡镇控制性详细规划基础理论

第一节 编 制 内 容

1. 任务书的编制

（1）任务书的提出

根据城市近、中期建设发展和城市规划实施管理的需要，为进一步贯彻城市总体规划和分区规划的要求，需编制控制性详细规划。在程序上，首先必须由控制性详细规划组织编制主体制定控制性详细规划编制任务书。

（2）任务书的编制

根据控制性详细规划编制程序，城市人民政府或经授权的城市规划行政主管部门（规划局）作为控制性详细规划编制组织主体，选择确定规划编制的主体，如规划设计单位、研究机构等。任务书的形式多样，内容一般包括以下部分：

① 受托编制方的技术力量要求，资格审查要求；

② 规划项目相关背景情况，项目的规划依据、规划意图要求、规划时限要求；

③ 评审方式及参与规划设计项目单位所获设计费用等事项。

任务书制定时通常是由城市人民政府的规划行政主管部门负责组织技术力量通过起草、审核、审批等程序，制定规划项目任务书。

2. 编制过程与工作要点

（1）工作阶段划分

按常规委托的控制性详细规划设计项目，编制工作一般分为五个阶段：

① 项目准备阶段

② 现场踏勘与资料收集阶段

③ 方案设计阶段

④ 成果编制阶段

⑤ 上报审批阶段

（2）各阶段工作要求

① 项目准备阶段

熟悉合同文本，了解项目委托方的情况。明确合同中双方各自的权利与义务，如规划设计内容形式和要求，规划项目编制时间安排，委托方在规划编制过程中协助受托方完成的事项，以及技术情报和资料保密、验收评价方式、报酬支付方式、违约金赔偿额及争议解决办法等事项。

了解进行项目所具备的条件（基础资料情况，如地形图的绘制年份，比例是否适用，是否需要重测或是补测；上一层次规划完成的年份，是否具有法律效力等；前一轮规划成果是否符合社会经济发展需要，是否符合上一层次规划要求等；委托方是否有超常规的委托要求）。

编制项目工作计划和技术工作方案（根据项目的规模、难易程度等划分工作阶段并进行各阶段的时间安排）。

安排项目所需专业技术人员。控制性详细规划围绕土地使用控制这一核心内容，工作涉及层面广泛且细致深入，既需要考虑整体乡镇甚至区域经济、社会环境等宏观层面要素对规划的制约和影响，同时，也要具体研究规划区范围内以土地利用为核心展开的道路交通、市政公用设施、历史文化环境保护策略、绿地水系景观系统等方面内容。所以，应该根据不同规划项目的具体特点和委托方要求侧重点、规划项目难易程度安排技术人员。专业技术人员按照级别分为两种，一为高级技术职称专业技术人员，一为初中级技术职称专业技术人员。按照类型划分，专业技术人员可分为城市规划专业技术人员和其他专业（建筑、道路交通、园林绿化、给水排水、电力、通信、燃气、环卫等）技术人员。

确定与委托方的协作关系。如编制方进行现场踏勘与调查研究工作时，委托方应提供相应的帮助；委托方在规划资料收集工作中应如约提供帮助等。

② 现场踏勘与资料收集阶段

现场踏勘的基本要求：

实地考察规划地区的自然条件，现状土地的使用情况，土地权属占有情况，绘制现状图；现状图纸绘制应按相应要求进行；

实地考察现状基础设施状况（道路交通、市政公用设施等）、建筑状况（建筑性质、建筑质量、建筑高度等）；

实地考察规划地区的周围环境，尽可能俯视规划地区全貌；

实地考察规划地区内文物保护单位和拟保留的重点地区、地段与构筑物的现状及周围情况；

走访有关部门；如到房地局了解当地城市房地产市场供求情况、价格水平、发展趋势。走访水务部门了解地区河流水系分布、洪水水位数据、相关排水措施；走访电力电信部门了解区域供电设施、高压走廊的位置等级、现有电信设施布局等；

实地考察规划地区所在城市概貌。

《城市规划编制办法实施细则》第二十八条明确规定（条块调查）控制性详细规划现场踏勘调查应收集以下基础资料：

总体规划或分区规划对本规划地段的规划要求，相邻地段已批准的规划资料；

土地利用现状、使用权属，用地地质、水文、地貌、气象等资料，用地性质应分至小类统计；

人口分布现状（规模、年龄、职业构成等）；

建筑物现状，包括房屋用途、产权、建筑面积、层数、建筑质量、保留价值等；

公共设施规模、分布；

工程设施及管网现状；

土地经济分析资料，包括地价等级类型、土地级差效益、有偿使用状况、地价变化、开发方式等；

所在城市及地区历史文化传统、建筑特色等资料。

对现场勘探与收集的资料进行整理与分析。一般可从用地结构、道路交通、基础设施、建筑质量、景观风貌和建筑管理等方面进行整理和分析，找出现状存在的主要问题，确定规划目标和指导思想，对城市功能结构、建筑空间、景观环境等方面规划控制进行研究。

分析研究中需要做到以下几点：

以落实上一层次规划的要求为基础。对总体规划或分区规划所确定的城市社会经济发展、城市建设的历史、自然环境及城市基础设施等内容进行深入细致的调查研究；明确规划范围在总体规划中的区域位置、用地性质等。

收集当地城市规划部门提供的资料，并与实地考察结合，掌握第一手资料。

对收集的资料进行从定性到定量的系统分析和整理，提出问题并给予相应的解决对策。

城市重点地段必要时采用公众参与的方法，增加资料收集的深度。

③ 方案设计阶段

控制性详细规划方案阶段一般要经过构思、协调、修改、反馈的过程，这个过程根据项目的不同，反复的次数也不同，一般要经过 2～3 次。在此阶段应初步确定地块细化与规划控制指标。

方案比较：方案编制初期要有至少两个以上方案进行比较和技术经济论证。

方案交流：方案提出后要与委托方进行交流，向委托方汇报规划构思，听取有关专业技术人员、建设单位和规划管理部门的意见，并就一些规划原则问题作深入沟通。

方案修改：根据双方达成的意见进行方案修改，必要时作补充调研。

意见反馈：修改后的方案提交委托方再次听取意见，对方案进行修改，直至双方达成共识，转入成果编制阶段。

④ 成果编制阶段

当前，全社会控制性详细规划民主化、法制化进程正不断推进，在项目编制、方案拟订过程中，方案的交流就不能只局限于规划编制单位与委托单位之间，仅仅体现少数规划设计人员与规划管理者的意志，应该在编制单位向委托单位作方案汇报之前，将方案比较的结果或者是参与比较的方案向社会公开展示，并在一定期限内向公众征询意见，由委托单位负责收集整理公众的规划意见，再由委托单位将整理后的公众征询意见带到规划方案交流中，在编制单位与委托单位交流当中体现公众意志（当然，此处是以政府行政管理部门代行规划委员会的职责，理想的方式是成立独立的城市规划委员会，设立专门的方案编制小组负责方案展示与咨询及意见回复与整理工作，代表公众意志参与方案交流）。

控制性详细规划应以用地控制管理为重点，以实施总体规划意图为目的，其成果内容重点在于规划控制指标的制定。

规划编制内容和深度、成果形式。依据要清楚，论证要充分，责任要分清。对规划有重要影响的问题要有委托方提供的文字资料作为依据附在成果文件中（如已划拨的用地红线、防洪堤的位置、高压走廊的位置、学校的拆迁等），同时各阶段的会议纪要和形成的修改意见以文字形式在成果文件（附件）中体现。

控制性详细规划成果文件中的文本是城市规划主管部门制定地方城市规划管理法规的基础，应在编制时征询城市规划主管部门的意见反复修改完成。

⑤ 规划审批阶段

城市控制性详细规划由城市人民政府审批，一般分两步：

a. 成果审查

控制性详细规划项目在提交成果时一般要先开成果汇报会后再上报审批，重要的控制性详细规划项目要经过专家评审会审查再上报审批。成果汇报会和专家评审会由委托方负责组织。

b. 上报审批

已编制并批准分区规划的城市控制性详细规划，除重要的控制性详细规划由城市人民政府审批外，可由城市人民政府授权城市规划管理部门审批。一般上报审批工作由委托方负责，规划编制单位负责提供规划技术文件，遇重大修改，由双方协商解决。

3. 编制的基本内容

控制性详细规划是城市、县人民政府城乡规划主管部门根据城市、镇总体规划的要求，用以控制建设用地性质、使用强度和空间环境的规划。根据《城市规划编制办法》第二十二条至第二十四条的规定，根据城市规划的深化和管理的需要，一般应当编制控制性详细规划，以控制建设用地性质，使用强度和空间环境，作为城市规划管理的依据，并指导修建性详细规划的编制。

控制性详细规划主要以对地块的用地使用控制和环境容量控制、建筑建造控制和城市设计引导、市政工程设施和公共服务设施的配套，以及交通活动控制和环境保护规定为主要内容，并针对不同地块、不同建设项目和不同开发过程，应用指标量化、条文规定、图则标定等方式对各控制要素进行定性、定量、定位和定界的控制与引导。乡镇控制性详细规划主要以对地块的用地使用控制和环境容量控制、建筑建造控制和城市设计引导、市政工程设施和公共服务设施的配套，以及交通活动控制和环境保护规定为主要内容，并针对不同地块、不同建设项目和不同开发过程，应用指标量化、条文规定、图则标定等方式对各控制要素进行定性、定量、定位和定界的控制与引导。

按照自 2006 年 4 月 1 日起施行的《城市规划编制办法》，乡镇控制性详细规划应当包括下列内容：

① 确定规划范围内不同性质用地的界线，确定各类用地内适建、不适建或者有条件地允许建设的建筑类型；

② 确定各地块建筑高度、建筑密度、容积率、绿地率等控制指标，确定公共设施配套要求、交通出入口方位、停车泊位、建筑后退红线距离等要求；

③ 提出各地块的建筑体量、体型、色彩等城市设计指导原则；

④ 根据交通需求分析，确定地块出入口位置、停车泊位、公共交通场站用地范围和站点位置、步行交通以及其他交通设施，规定各级道路的红线，断面、交叉口形式及渠化措施，控制点坐标和标高；

⑤ 根据规划建设容量，确定市政工程管线位置，管径和工程设施的用地界线，进行管线综合，确定地下空间开发利用的具体要求；

⑥ 制定相应的土地使用与建筑管理规定。

4. 成果深度要求

控制性详细规划是城市规划体系的一个重要组成部分，它是城市总体规划各项指标能够落实的保证，是编制修建性详细规划的重要依据，也是城市规划管理部门进行城市规划管理的依据。其成果表达深度应满足以下三方面要求：

① 既能深化、补充、完善落实总体规划、分区规划意图，又能落实到每块具体用地上。

② 土地租让、招议标底条件。控制性详细规划应当控制城市开发在规划意图内有序进行，提供修建性详细规划的编制依据或具体城市开发项目的规划条件。控制性详细规划将控制条件、指标与具体要求落实到相应的建设地块上进行控制，作为土地招议标底条件，在建设中付诸实施。

③ 直接指导修建性详细规划和个案建设。

对于城市空间、建筑物体量、体型、色彩乃至形式、风格、材料等都需要作出较为详细的控制与引导；对于重要地段容积率的控制、奖励以及因地块性质的兼容性并由此引起的容积率容许变化值，也都需要认真研究，提出可行的控制意见。而上述控制内容对城市的一般地区和非近期开发的市郊接合部，其重要性则相对降低。

综上所述，控制性详细规划应以用地的控制和管理为重点，因地制宜，以实施总体规划、分区规划的意图为目的，成果内容重点在于规划控制指标的体现。

第二节   规划性控制要素

乡镇控制性详细规划的管理是通过指标的制定来实现的，规划控制指标可以分为强制性指标和引导性指标。按照《城市规划编制办法》（2006），控制性详细规划确定的各地块的主要用途、建筑密度、建筑高度、容积率、绿地率、基础设施和公共服务设施配套规定应当作为强制性内容，人口容量、建筑形式、体量、风格、色彩要求及其他环境要求等为引导性内容。前者是必须执行的，后者则是参照执行，由于控制性详细规划的强制性内容是规划管理中要求强制执行的内容，因此对土地使用者具有较大的约束。

乡镇控制性详细规划可以根据实际情况，适当调整或者减少控制要求和指标。规模较小的建制镇的控制性详细规划，可以与镇总体规划编制相结合，提出规划控制要求和指标（参见附表 1-1）。

1. 用地分类与用地性质

乡镇控规是实施性的法定规划，起着承上启下的重要作用，对上落实乡镇总体规划的战略部署，对下指导修建性详细规划的编制。土地使用控制是控制性详细规划中规定性要素的核心部分，其具体的控制内容包括土地使用性质、土地使用兼容性、用地边界和用地面积等。

1）用地面积

用地面积，即建设用地面积，是指由城市规划行政部门确定的建设用地边界线所围合的用地水平投影面积，包括原有建设用地面积及新征（占）建设用地面积，不含代征用地的面积，单位为 hm^2，精确度全国各地略有不同，一般为小数点后两位，每块用地不可有重叠部分。用地面积是控规中各种规定性指标要素计算的基础。

2）用地边界

（1）用地边界的概念

用地边界是规划用地与道路或其他规划用地之间的分界线，用来划分用地的范围边界。一般用地红线表示的是一个包括空中和地下空间的竖直的三维界面。

通常用地边界分为三种类型：

① 自然边界：如河流、湖泊、山体等；

② 人工边界：如道路、轨道、高压走廊等；

③ 概念边界：如行政边界线、安全设施防护线、规划控制线等，其中规划控制线种类较多，包括轨道交通线路及保护控制线、管道运输线路，高压走廊保护控制线，微波通道保护控制线，河流水域的保护控制线，文物保护单位，历史保护街区的绝对保护线和建设控制地带界限，景观通风廊道控制线等。

用地边界是用来界定地块使用权属的法律界线。地块是用地控制和规划信息管理的基本单元，是土地买卖、批租、开发的基本单元。地块标示出了所有的产（用）权关系，精确地记录了城市土地的划拨位置，界定了不同土地所有者或使用者，以及相应的用地性质和开发强度控制，因而界定了每块土地的责权利。通过用地边界的清晰界定，可将城市用地划分成多个地块，便于规划控制管理。

（2）规划控制线

划定乡镇政府驻地"四线"（绿线、紫线、蓝线、黄线），明确各控制线的管控要求。划定绿线，确定公园绿地、防护绿地、结构性绿地等控制界线；划定黄线，确定对乡镇政府驻地发展全局有影响，必须控制的重大交通设施、市政基础设施、公共安全设施及廊道控制界线；划定蓝线，确定河、渠、湿地等地表水体保护和控制的地域界线；划定紫线，确定文物保护单位、历史建筑等历史文化资源保护控制线。

3）用地性质

用地性质，指的是具体的土地用途分类，依据就是该宗地块的实际用途。城市规划管理部门根据城市总体规划的需要，对宗地用途进行规定。

4）用地分类标准

自然资源部办公厅印发的《国土空间调查、规划、用途管制用地用海分类指南（试行）》，适用于县人民政府所在地镇和其他具备条件的镇的控制性详细规划的编制、用地统计和用地管理。用地用海分类采用三级分类体系，共设置 24 种一级类、106 种二级类及 39 种三级类；其分类名称、代码应符合相应规定（参见附表 1-2）。用地用海分类主要参考的现行标准包括：现行标准《土地利用现状分类》GB/T 21010—2017、《城市用地分类与规划建设用地标准》GB 50137—2011 及其 1990 版的分类思路、《城市地下空间规划标准》GB/T 51358—2019、《第三次全国国土调查技术规程》TD/T 1055—2019、《海域使用分类》HY/T 123—2009。

5）地块划分

乡镇控制性详细规划制定通常需要划分规划单元和地块。划分地块、确定地块边界的基本方法和原则主要包括：

（1）考虑并合理尊重地块现有的土地使用权属及产权边界；

（2）考虑绿化、水体、山体等自然边界、行政界线、道路边界等的影响；

（3）尊重总体规划、其他专业规划、用地部门和单位等已经确定的一些地块界限划定要求（如"五线"控制要求）；

（4）地块划定的大小依实际情况而定，一般新区地块划定比旧城大（历史城区通常以院落为单位，现状制约条件多），划定后的地块大小应和土地开发单元的规模相协调，便于规划管理；

（5）除倡导土地混合使用的特殊地块外，地块划分应尽可能使得划定后地块的用地性质单纯；

（6）尽可能使地块至少能有一边与城市道路或其他更低级别道路相邻，以方便地块使用与出入；

（7）对于文物古迹等特殊占地，建议划定为单独地块以方便管理。

6）土地使用弹性与土地兼容性

土地使用兼容是确定地块主导用地属性，在其中规定可以兼容、有条件兼容、不允许兼容的设施类型。一般通过土地与建筑兼容表实施控制。

土地使用兼容性包括两方面含义：

其一是指不同土地使用性质在同一土地中共处的可能性，即表现为同一块城市土地上多种性质综合使用的允许与否，反映不同土地使用性质之间亲和与矛盾的程度。就这个意义而言，也可以用"土地使用相容性"来替换。

其二是指同一土地，使用性质的多种选择与置换的可能性，表现为土地使用性质的"弹性""灵活性"与"适建性"，主要反映该用地周边环境对于该地块使用性质的约束关系。即建设的可能性和选择的多样性。

2. 开发强度管控

土地开发强度指乡镇发展过程中对土地的开发使用率，主要包括土地的建筑开发容量和建筑覆盖密度，可以用容积率、建筑密度和建筑高度三个指标进行控制，其中容积率和建筑密度是核心指标。

1）容积率

容积率又称楼板面积率，或建筑面积密度，是衡量土地使用强度的一项指标，英文缩写为 FAR，是地块内所有建筑物的总建筑面积之和 A_r 与地块面积 A_I 的比值（万 m^2/hm^2）。

$$FAR = A_r/A_I$$

2）建筑密度

建筑密度是指规划地块内各类建筑基底面积占该块用地面积的比例，它可以反映出一定用地范围内的空地率和建筑密集程度。

$$建筑密度 =（规划地块内各类建筑基底面积之和 \div 用地面积）\times 100\%$$

3）绿地率

绿地率指规划地块内各类绿化用地面积总和占该用地面积的比例，是衡量地块环境质量的重要指标。

$$绿地率 =（地块内绿化用地总面积 \div 地块面积）\times 100\%$$

3. 道路交通规划

乡镇控制性详细规划中的道路交通规划主要对路网结构进行深化，完善和落实总体规划对道路交通设施和停车场的控制，具体内容如下：

（1）通过道路系统规划确定道路路网系统（对外、内部）及道路建设的具体技术要求和标准（等级、红线、断面）等。

（2）通过公共交通系统规划对公交场站（规模、布局）、轨道交通（含铁路）线、站位等进行规划布局，以及设施位置、规模等的确定。

（3）通过停车系统规划确定机动车及自行车停车设施（配建停车设施、社会公共停车设施）的空间布局、落位及规模等。

（4）步行及自行车交通规划。

（5）加油站规划。

（6）交通管理规划。

（7）近期建设规划等。

4. 市政基础设施规划

1）编制内容

乡镇控制性详细规划中的市政基础设施规划包括给水、污水、雨水、电力、电信、燃气、供热、综合防灾等几个方面。《城市规划编制办法》规定，乡镇控制性详细规划的市政规划要根据规划建设容量，确定市政工程管线位置、管径和工程设施的用地界线，进行管线综合，并确定地下空间开发利用具体要求。因此，控规中市政规划的主要内容为：

（1）确定各级市政设施的源点位置、路由和走廊控制等；

（2）明确市政设施的性质、规模、布局、占地（敏感设施还应明确影响范围及周边控建要求）；

（3）确定城市工程管线的走向、管径和工程设施的用地界线；

（4）确定城市河湖水系的蓝线及保护绿线等；

（5）规划利用地下空间等。

2）编制要点

（1）给水工程规划

评价给水设施现状；落实上层次规划确定的控制要求；预测用水量；确定给水系统的形式及其与上层次规划的衔接方式；确定给水设施的规模，明确其空间布局及建设要求。

（2）雨水、防洪工程规划

评价雨水、防洪设施现状；落实上层次规划确定的控制要求；确定排水体制、暴雨强度计算公式和防洪标准；确定雨水、防洪系统的形式及其与上层次规划的衔接方式；确定雨水、防洪设施的规模，明确其空间布局及建设要求。

（3）污水工程规划

评价排污设施现状；落实上层次规划确定的控制要求；预测污水量；确定污水系统的形式及其与上层次规划的衔接方式；确定排污设施的规模，明确其空间布局及建设要求。

（4）供电工程规划

评价供电设施现状；落实上层次规划确定的控制要求；确定用电指标，预测电力负荷；确定供电电源容量、数量、位置及用地面积；确定变电所、开关站的容量和位置；确定中、高压配电网线路的路径和电缆通道的宽度控制要求。

（5）电信工程规划

评价电信设施现状；落实上层次规划确定的控制要求；确定预测指标，预测各类通信量需求；确定电信机房、无线基站等的容量、规模及用地面积；确定有线电视、网络系统等通信传输线路和接入网管线的布设要求；阐述微波通道的宽度控制和建筑限高要求；确定邮政局所的位置和用地面积。

（6）燃气工程规划

评价燃气设施现状；落实上层次规划确定的控制要求；确定气源类型、用气量指标、供气方式，预测用气量；确定燃气储备站、调压站的位置、规模及用地面积；确定高、中压燃气管网压力级制及布设和安全要求；阐述防火安全间距的要求。

（7）环保环卫设施规划

评价环保环卫设施现状；落实上层次规划确定的控制要求；确定各类环保环卫设施项目种类和规模，并明确其空间布局及建设要求。

（8）工程管线综合规划

评价工程管线综合的现状，统筹安排编制区城市道路上各类工程管线的布设方式和空间位置，协调工程管线之间以及与道路两侧建（构）筑物之间的关系。

5. 公共服务设施规划

1）公共服务设施的意义

乡镇的公共服务设施是保障生产、生活的各类公共服务的物质载体。为满足乡镇居民基本的物质文化生活的需要，对公共服务设施一般按照《城市居住区规划设计标准》GB 50180—2018 进行配置，配套设施应遵循配套建设、方便使用、统筹开放、兼顾发展的原则进行配置，其布局应遵循集中和分散兼顾、独立和混合使用并重的原则。以居民步行 15 分钟可满足其物质与生活文化需求为原则划分居住区范围，居住人口规模为 50000～100000 人（约 17000～32000 套住宅），配套设施完善。

2）公共服务设施的配置要求

乡镇公共服务设施用地面积应为 1600～2910m²/千人，建筑面积为 1450～1830m²/千人。公共服务设施一般分为公共管理与公共服务设施、交通场站设施、商业服务业设施、社区服务设施、便民服务设施。

3）公共服务设施的控制指标

（1）千人指标

千人指标可较为直观地反映开发项目公共服务设施须配套的总量，同时在乡镇内协调共享公共资源的时候，千人指标有助于直接量化和平衡各开发商所需承担的建设责任，以保证一定区域内资源的合理配置。对于与人口规模直接相关的公共服务设施，如综合医院、综合文化中心、居民运动场、社区服务中心、托老所等，千人指标是主要的实施依据。

（2）建筑规模总量控制

建立"标准户"的概念，可以将公共设施的建设规模与住宅开发量相关联，以便建构规划管理的基准平台。

（3）用地控制

在公共服务设施指标体系中，对于用地要求有三种：第一类设施由于运行、交通、安全等方面的使用要求必须独立用地，例如学校、医院、居民运动场（馆）、垃圾压缩站等；第二类设施应尽量独立用地，若条件确有困难可以考虑在满足技术要求的前提下与其他用房联合布置，但是应该保证一定的底层面积或场地要求，如卫生服务中心、街道办事处、派出所、社区服务中心等；第三类设施则对用地无专门要求，可以结合其他建筑物设置，如卫生站居委会、文化活动站等。

村镇地区的公共建筑标准主要依据《镇规划标准》GB 50188—2007 按照中心镇、一般镇配置六类公共服务设施，即行政管理、教育机构、文体科技、医疗保健、商业金融和集贸市场。公共设施的用地占建设用地的比例为中心镇镇区 12%～20%，一般镇镇区 10%～18%（参见附表 1-3）。

教育和医疗保健机构必须独立选址，其他公共设施宜相对集中布置，形成公共活动中心。

学校、幼儿园、托儿所的用地，应设在阳光充足、环境安静、远离污染和不危及学生、儿童安全的地段，距离铁路干线应大于 300m，主要入口不应开向公路。

医院、卫生院、防疫站的选址，应方便使用和避开人流与车流量大的地段，并应满足突发灾害事件的应急要求。

集贸市场用地应综合考虑交通、环境与节约用地等因素进行布置，并应符合下列规定：

① 集贸市场用地的选址应有利于人流和商品的集散，并不得占用公路、主要干路、车站、码头、桥头等交通量大的地段；不应布置在文体、教育、医疗机构等人员密集场所的出入口附近和妨碍消防车辆通行的地段；影响镇容环境和易燃易爆的商品市场，应设在集镇的边缘，并应符合卫生、安全防护的要求。

② 集贸市场用地的面积应按平集规模确定，并应安排好大集时临时占用的场地，休集时应考虑设施和用地的综合利用。

6. 生态指标体系

1）构建原则

低碳生态控规指标体系构建要充分考虑控规实施管理特征，应遵循以下原则：

（1）完备性

低碳生态控规指标体系构建应尽可能考虑社会经济、环境、资源等各方面对土地开发的控制因素，体现规划综合协调的作用。

（2）前置性

低碳生态控规指标的应用平台是规划管理，是针对建设项目行政许可的前置管理依据，因此，控制性详细规划指标不同于一般评价指标，每个指标都可在规划核准前用客观、科学的方法进行事先评估，而非后期评价。

（3）可测性

控规指标应可以准确量化，即指标可以依据规划设计图纸和说明书快速准确地进行计算，以便不同项目之间可以通过指标比较，优选实施方案。规划指标可以落实到地块层面，为规划管理实施提供技术支撑。有些指标可直接赋值，有些则需要对具体地块进行评价分析后才可确定具体值。

（4）可控制性

低碳生态控规指标体系既要考虑可实施性，也要与现有规划技术水平吻合；还要考虑可管控性，必须和现有的法定城市规划管理体制接轨，通过管理部门日常管理达到实际有效控制。

（5）独立性

低碳生态控规指标不能重复，以保证指标体系的简洁准确，避免产生混淆和争议。例如现行控规指标给出地块面积、容积率之后，即可计算出建筑面积，不必再给出建筑面积指标。

2）指标构建框架

低碳生态指标体系包括生态环境、绿色交通、建筑能源、市政工程与资源节约利用四个方面（参见附表1-4）。

第三节　引导性控制要素

1. 乡镇风貌设计

结合乡镇地理区位、自然生态、资源禀赋、产业经济、社会人文、历史文化等因素和特点，对乡镇进行分型引导，实现乡镇差异化、特色化、可持续化发展，避免"千镇一面"。乡镇可划分为城郊服务型、产业带动型、现代农业型、资源生态型、文旅融合型、其他一般型。

1）城郊服务型

（1）分型界定

城郊服务型乡镇指位于中心城区、市县城区周边，服务城市能力强，从事非农产业人口比重较高，城乡要素流动通畅，有较好发展动力，部分城镇建设用地位于市县城区城镇开发边界之内的乡镇。

（2）风貌设计

因地制宜发展农业观光、近郊休闲旅游等绿色产业，满足城市休闲、消费需求。推动乡镇与城区公共服务共建共享、基础设施互联互通，积极融入城市经济圈、生活圈、交通圈。建筑风格、色彩和高度应与毗邻城区相协调，强化门户节点、重点区域的建筑群和景观环境设计。

2）产业带动型

（1）分型界定

产业带动型是指涉及现代制造和产业园区的，产业专业化、特色化、规模化特征明显，吸纳劳动力能力强，物流集散、电子商务、商贸流通等服务业发达，非农产业就业人口占比大，对周边乡镇和村庄有一定辐射带动作用，对县域经济有较强支撑作用的乡镇。

（2）风貌设计

完善与产业发展相适应的居住和教育、培训、医疗等配套设施，促进产城融合发展。强化与区域公路、铁路、航空等交通网络联系，打造高效便捷的交通、物流通道。严格落实产业准入和工业环境保护要求，制定相应的管控措施。建筑风格、色彩和高度应与产业功能相匹配，打造具有时代特色的产城融合风貌区。

3）现代农业型

（1）分型界定

指位于粮食生产功能区、重要农产品生产保护区，域内耕地和基本农田面积比重大，在农业发展效率、规模、质量等方面优势突出的乡镇。

（2）风貌设计

建筑风格、色彩和高度应与乡村自然风光和田园景观相协调，积极践行绿色生产生活方式，引导形成田园、林地、湿地和乡村景观有序和谐的景观风貌。

4）资源生态型

（1）分型界定

指位于河湖水系周边，或东部低山丘陵、防风阻沙屏障等重点生态功能区，山水、林草、矿产等资源相对丰富，生态敏感度较高，或具有重要生态安全战略意义，以及资源枯竭、亟待生态修复的乡镇。

（2）风貌设计

统筹山水林田湖草一体化保护修复，注重提高生态空间占比，保持山体和河湖水系自然形态。开展绿色矿山整治和生态修复，减少山体裸露，恢复原有生境，重点做好退化污染土地治理和修复。建筑风格、色彩和高度应与周边生态环境协调，打造具有现代特色的生态宜居社区，形成山清水秀村美的景观风貌。

5）文旅融合型

（1）分型界定

指自然和人文资源丰富，乡镇政府驻地为历史文化名村或传统村落的，具有重点文物保护单位、非物质文化遗产、革命旧址等，且具备一定旅游开发基础和潜力的乡镇。

（2）风貌设计

突出乡镇历史文化特色，体现在历史传承、建筑艺术、民俗文化等方面的重要价值。处理好文化资源保护与乡镇建设的关系，注重保护传统格局、历史风貌和山水环境，划定保护范围，提出管控措施。以历史文化和山水环境格局保护为重点，营造自然和人文景观。保护好历史建筑和历史环境的原真性，建筑风格、色彩、高度应与周边整体风貌统一协调，鼓励使用地方性乡土材料。

6）其他一般型

（1）分型界定

指暂不具备上述突出特色的乡镇。

（2）风貌设计

加强风貌管控，提升人居环境品质。

2. 建筑

在乡镇控制性详细规划中对建筑形式和建筑色彩这类指标的控制，既要有明确可行的控制技术方法，又要保持一定的灵活性。建筑形式和建筑色彩指标属于控规引导性指标内容，虽然它们与建筑密度、建筑限高等规定性指标相比控制力度相对较小，但仍是控规内容中十分重要的组成部分。

1）选定参照建筑

为保证乡镇的整体性和景观的协调性，首要的工作是要确定参照物。参照物的选择，有以下几个原则：

艺术性原则，它应是一件艺术品，能丰富乡镇空间环境；

代表性原则，它应是某一时期特定风格的代表作；

历史性原则，它应在乡镇建设发展史上具有一定的历史地位或与重大人物、事件相联系；

延续性原则，它的存在应使周围环境具有一种历史沿革上的延续感。

具有以上特征的建筑物是乡镇特色的载体，可对其周围一定范围内建筑的形态设计产生影响。乡镇控制性详细规划选择这样的建筑物作为控制参照，可减少建筑形式和色彩控制的盲目性，明确控制方向。

2）分级确定控制区域

控规对建筑形式和色彩的控制要求，不能一概而论，应在规划范围内根据不同的用地性质和所处的不同位置有区别地对待。根据控制对象的重要性差异，可进行如下分区：

重点控制区，它要求控规对建筑形式和色彩作出较详细要求，并严格执行。有时还需要将指标控制类型由引导性指标提升为规定性指标；

一般控制区，控规对建筑形式和色彩的控制可只针对建筑的某个重点部位或某个特定构成元素，对建筑的其他部分可适当放宽控制，在整体统一协调的前提下，由下一层次规划或建筑设计自由决定；

自由选择区，控规对这类区域在建筑形式和色彩方面无具体控制要求，设计可自由发挥，以此达到创造丰富多彩的城市空间环境的目的。

控规中对建筑形式和色彩的控制，应注意将分级控制和参照物控制的要求条理化表达。针对不同对象，确定不同的控制内容和要求，进行科学分类，这对保证控规最终控制效果至关重要。

3. 环境小品

乡镇控制性详细规划中对绿化小品、商业广告、指示标牌等街道家具和建筑小品的引导控制一般是规定其布置的内容、位置、形式和净空限界。

第三章

乡镇控制性详细规划现状调研及分析阶段

第一节　课　程　介　绍

1. 课程定位

控制性详细规划是城乡规划课程体系中的专业教育必修课，是城乡规划专业设计核心课。本课程先修课程为住宅区修建性详细规划、城乡道路与交通规划、城市设计概论。控制性详细规划课程的教学内容具有承上启下的作用，可使核心课程间相互渗透、相互促进，能够针对人才培养方案中的要求，完善学生的知识结构、能力结构与素质结构。

2. 教学目标

根据控制性详细规划课程内容与城乡规划专业的毕业要求间的匹配关系，该课程是专业学生需掌握规划知识体系的重要环节，学生需具备规划设计项目编制能力和团队合作、汇报与交流的能力。通过课内辅导点评与课外自主创新相结合的教学方法，搭建多途径平台实现师生间课内、课外的互动来实现控制性详细规划课程的实际教学。引导学生之间的相互促进，提升学生学习的积极性，最终达到培养具备坚实的城乡规划设计基础理论知识与应用实践能力，富有社会责任感、团队精神和创新思维，具有可持续发展和文化传承理念及法律意识，在专业规划编制单位、管理机关，从事城乡规划设计、开发与管理等工作的应用型、技术技能型人才的教学目标。

3. 教学内容创新

1) 以学生设计能力为重心调整教学内容

教学内容的设置打破以成果为导向的板块划分，强化基于论证的过程导出成果，增加分析论证环节的比重，减少内容性成果环节的比重，锻炼创新能力与分析能力。

在课程项目的启动阶段增加案例评析，实现从理论知识到工程项目实践的过渡；将理论课学时分为五次授课，项目开展后以专题的形式增加产业发展分析、定位及策略分析，融入现状分析与规划设计的衔接环节。每一个设计环节均以理论先行。

在规划方案阶段，增加对用地布局与容量控制的分析论证；在控规图则编制阶段增加地块城市设计，直观理解控制指标确定与城市设计间的动态修正。

2) 结合国家社会经济发展形势，创新课程教学内容

控制性详细规划内容是随着国家的政策、社会经济形势发展而不断变化的，处在重大转型期的控制性详细规划，面临的问题较多，内容变化很快。本课程组紧跟时代，不断创新课程教学内容。

3) 基于"应用型"培养目标的指导调整教学内容

通过对人才培养计划、教学大纲、教学日历的调整，城乡规划专业控制性详细规划的授课内容主要规划为两大部分，便于学生的理解、掌握和应用。以往的设计课都是在第一节课的时候，上一节大的讲述课，然后就都是在专业教室针对课程进度和任务书进行各个

阶段的成果绘制。但是在实际过程中会发现，学生在每个阶段都会遇到一定的问题，这种情况有的是个案，有的是通病，当遇到多数同学都存在疑问的时候，就需要有针对性地集中来解决问题，因此在这一阶段就有必要再进行一次讲述。因此，在设计课程讲授过程中，教研室拟按时间分五次：

① 综合性的理论课讲述；

② 用地规划图绘制完成之前；

③ 市政基础设施布置之前；

④ 图则绘制之前；

⑤ 说明书及文本编写之前。

第二节　教学大纲与课程安排

1. 课程基本信息（表 3.2.1）

课程基本信息表　　　　　　　　　　　　　　表 3.2.1

课程编号	101020133	课程类别	学科专业教育必修课
课程名称	控制性详细规划	适用专业	城乡规划
学分	4	学时	64
开课学期	6	开课单位	建筑与规划学院城乡规划教研室

2. 课程目标

目标 1　运用调研踏勘的方法，掌握项目现状情况，分析现状存在的问题。

目标 2　能够分析较为复杂城乡规划项目的实际问题，确定方案目标，体现创新意识。

目标 3　掌握专业绘图工具使用方法，成果表达丰富美观，提高详细规划成果的完整性，使用正确的表达方法，核查项目成果完成的准确度。

目标 4　能够撰写格式规范的城乡规划工程文本、说明书和设计文稿，绘制符合国家要求的工程图纸。

目标 5　建立对详细规划项目的认知和理解能力及团队合作能力，在工作中理解实际项目管理流程，具有组织与实施能力。

本课程支撑专业人才培养方案中毕业要求 2-1、3-2、9-3、10-1，对应关系如表 3.2.2 所示。

课程指标表　　　　　　　　　　　　　　表 3.2.2

毕业要求指标点	课程目标										
	目标 1	目标 2	目标 3	目标 4	目标 5						
毕业要求 2-1	✓										
毕业要求 3-2		✓									
毕业要求 9-3				✓							
毕业要求 10-1			✓	✓							

3. 预期学习结果（表 3.2.3）

预期学习结果表 表 3.2.3

知识单元	知识点		初始熟练程度	要求熟练程度	预期学习结果	支撑课程目标
1. 项目选题、理论讲授及案例分析	1.1	理论讲解	L2	L3	理解详细规划的内容、特质与作用；掌握详细规划的工作内容、程序和编制方法；了解详细规划的实施与管理	1、2、3、9
	1.2	任务书讲解	L2	L3	解释课题的来源、背景；说明课程教学的基本内容和设计内容	2、11
	1.3	案例分析	L4	L6	掌握详细规划的工作内容、图纸内容及图纸深度；解析案例中设计手法及设计理念	1、3、4
2. 基础资料收集、现场调研及现状图的绘制	2.1	现场踏勘、资料收集	L1	L3	收集现状基础资料清单中的内容（文字说明＋图纸＋照片）	1、2、11
	2.2	现状问题分析	L4	L5	总结现状优缺点，做 SWOT 分析	2、3、5、8
	2.3	现状图纸绘制	L1	L3	分类画出各类用地范围，标绘建筑物现状、道路现状；分析建筑质量和建筑性质；标绘市政公用设施现状	2、3、5、6
3. 规划方案的制定	3.1	方案构思	L4	L6	针对现状问题提出解决方案，确定发展目标、定位，有一定的创新性	2、3、8、12
	3.2	用地布局	L2	L3	理解土地使用性质及其兼容性等用地功能控制；掌握容积率、建筑高度、建筑密度、绿地率等用地指标	3、4
	3.3	道路系统	L2	L3	确定各级道路的红线宽度、位置、路网密度、控制点坐标和标高	4、5
	3.4	公共服务设施	L2	L3	确定公共服务设施的规模、范围及具体控制要求	4、6
	3.5	市政设施	L2	L3	确定市政设施管线控制要求，根据规划容量，确定工程管线的走向、管径和工程设施的用地界线	4、7
	3.6	绿地系统	L2	L3	确定绿地率指标，蓝线、绿线控制及绿地分类与布局	4、7
	3.7	图纸规范表达	L2	L3	掌握详细规划图纸的完整和正确表达方法	4、9、10、11
4. 图纸绘制	4.1	图则	L2	L3	理解标明地块划分界线及编号；确定各地块分图图则内容、标注各地块主要指标	3、4、9、10
	4.2	文本、说明书撰写	L2	L3	熟练应用文本、说明书书写格式的规范化要求	5、12
	4.2	汇编、审核	L3	L5	整理图集、文字、排版，准备 PPT 汇报	9、10、11、12

4. 课程实施

（1）主要教学环节（表3.2.4）

主要教学环节表 　　　　　　　　　　表3.2.4

理论课（学时）		习题课（学时）		实验（学时）		研讨（学时）		社会实践（学时）		项目（学时）		在线学习（学时）		其他（学时）	
课内	课外	课内	课外	课内	课外	课内	课外	课内	课外	课内	课外	课内	课外	课内	课外
60	无	无	无	4	无	无	无	无	无	无	无	无	无	无	无

（2）学习要求

课上理解并记忆老师所讲内容，认真学习案例并记录重要知识点。课下认真完成设计作业，坚持课外自主学习。设计遵守详细规划制定的操作原则和规定，同时掌握控规文本的写作方法，并按照教学规范提交相应成果。

（3）教学方法与策略

案例教学：把案例作为理论和项目实践之间的衔接，通过对案例的分析提炼出理论知识点；

探究式问题学习：变被动为主动，课内辅导点评与课外自主创新相结合，每一次课结合课程进度和下一次课程的主题有引导性地留给学生课下思考的问题；

教学研讨：常规讨论与阶段集中汇报相结合，常规讨论采取一位教师对一个设计小组的方式，集中汇报分阶段共安排4次；

多途径教学互动：充分利用校内实验室，根据实际项目用VR设备做虚拟仿真实验，每个小组完成1～2个模型；

校企联合授课：增强与其他高校、规划设计院等的校际、院际合作，拓展和利用校外的资源。

5. 教材以及其他教学资源

《控制性详细规划》，同济大学等多所高校联合编写，中国建筑工业出版社，2011。
其他教学资源：
(1)《城市道路交通规划设计规范》GB 50220—95
(2)《城市居住区规划设计标准》GB 50180—2018
(3)《中华人民共和国城乡规划法》（2019年修正）
(4)《镇规划标准》GB 50188—2007
(5)《国土空间调查、规划、用途管制用地用海分类指南（试行）》

6. 课程考核

（1）考核成绩构成（表3.2.5）

考核成绩构成表 　　　　　　　　　　表3.2.5

考核方式	总评比例	要求及说明
平时成绩	25%	满分100，出勤25分，调研报告30分，草图共45分

续表

考核方式	总评比例	要求及说明
实验	5%	具体以实验课老师所给出成绩为准，若实验成绩不合格，该门课取消考试资格
设计成果	70%	满分100，团队合作及创新30分，成果作业70分

（2）课程目标达成度评价方式（表3.2.6）

课程目标达成度评价方式表　　　　表3.2.6

课程目标	平时成绩25%	实验5%	设计成果70%	权重
目标1	10%			10%
目标2		10%		10%
目标3			30%	30%
目标4			30%	30%
目标5			20%	20%
总计	10%	10%	80%	100%

7. 教学进度 （表3.2.7）

教学进度表　　　　表3.2.7

周（课）次	教学时数	教学形式	教学内容
1	8	讲授	1. 总体理论讲授、调研组织 2. 调研详解，案例分析（汇报）
2	8	实地踏勘 汇报、讨论	1. 现场调研、根据现场绘制现状图 2. 现状分析（小组汇报）
3	8	讲授、讨论	1. 方案构思 2. 用地布局
4	8	讲授、辅导	1. 一草讲评 2. 公共服务设施、细化用地
5	8	汇报、讨论	1. 控制指标 2. 二草讲评
6	8	讲授、辅导、 汇报、讨论	1. 市政、生态、安全、绿化 2. 三草讲评
7	8	讲授、辅导、 汇报、讨论	1. 图则绘制 2. 正图讲评
8	8	讲授、辅导	1. 文本、说明书 2. 汇编、排版

<h1 style="text-align:center">第三节 教学模式与教学方法设计</h1>

1. 教学理念

（1）转变观念，引入服务乡村新理念

以乡村振兴为特色，以服务沈阳经济区 8 个城市乡村建设为主，向周边辐射，为辽沈、全国培养更多城乡建设的应用型人才。乡镇产业学院服务乡村社会，乡村振兴智库专注科学研究，专业核心实践课程注重应用型乡村建设人才培养的产学研联动培养模式，确立以学生中心、提升课程的高阶性，突出课程自身的特色，结合辽宁省乡镇建设，真题真做，服务社会，增加课程的挑战度。

（2）目标导向，优化一流课程建设

以课程目标为导向加强课程建设。立足辽宁省经济社会发展需求和学校人才培养目标，在省一流课程建设的基础上优化重构线上教学内容与课程体系，破除传统线下设计课程千篇一律的教学方法。

（3）提升能力，线上线下资源双服务

以校企、校地合作为载体，强化课程团队双师比例，定期研讨课程设计，加强教学梯队建设，定期请校企、行业专家参与课堂教学。结合网络资源、中国大学 MOOC（慕课）网站中相关课程的教学内容，完善扩充详细规划的知识点学习。

2. 教学方法

在控制性详细规划课程的教学方法改革中，变被动为主动，探索适合控制性详细规划课程的教学方法，激发学生的主动性和创造性。采用多媒体与网络教学手段结合案例教学法、探究式问题学习法、教学研讨法、多途径教学互动法、混合授课法，将多种方法综合应用到课程教学中。

改革注重促进学生的学习情景、合作与交流，发挥学生的主体作用。在设计课的教学中，结合生产项目，形成社会大课堂教学模拟式教学和研究性教学等指导方法，培养学生发现、分析、解决问题的能力和良好的工程素养。模拟设计院的现实工作情景，依托设计院的实际项目设计流程，组织课程教学环节，改革课程教学方法。如分组、分工合作，阶段成果递交，分级审图，评、议、讲、练、展、点结合的互动教学方式。

3. 线上线下混合教学

1）教学资源

（1）网络资源：中国大学 MOOC（慕课）；

（2）选择课程项目均为产业学院实际项目，真题真做，并定期请校企合作单位（沈阳市规划设计研究院、辽宁省规划设计院有限公司）及行业专家进行线上指导；

（3）自有教师录制微课。

2）线上教学过程

（1）教学准备

① 提前选题。秋季学期，教学团队开始实地走访，确定真题真做项目，收集上位规划等相关资料，寒假进行学习；

② 结合教学大纲，教学日历把每节课的内容写在章节中（共 128 学时），资料及时更新，学生可以随时了解和复习每节课的内容；

③ 每节课课前发布上课通知（含腾讯会议码及上课内容），方便学生提前预习。

（2）教学实施

① 课前十分钟，学生自主分享与教学内容、行业发展及软件技术应用等相关的学习内容；

② 一周两次设计课，两个老师分开指导方案（两个会议号），定期集中总结问题，理论知识点讲述，统一进度；课后根据学习内容进行讨论；

③ 每次设计课中穿插一节慕课学习，课后及时收笔记；

④ 授课过程中随堂有高年级同学当助教，负责技术指导，解决 GIS、湘源等软件问题，保证绘图进度；

⑤ 授课过程中，针对不同模块，细分教学内容，负责总体规划的教师及负责市政方向的外聘教师多次随堂指导，更好地跟上位规划结合，精准服务设施配套。

（3）教学反馈

① 定期追踪学生学习通使用情况，视频设置任务点，课上增加讨论环节，了解学生对知识点的理解情况；

② 课后布置作业，老师及时批改，给出修改意见，形成学生课后有图可改、课上有图讲评的良性循环。

（4）教学持续改进

结课后发放线上调查问卷，了解学生上课过程中对知识点的掌握情况，以及对课程建设和教师授课过程是否满意，为以后课程建设持续优化改进提供依据。

3）线上教学质量保证

（1）精心设计教学内容

教师需要进行更精细的教学设计，梳理出课堂内外的教学内容，一方面精选提炼课堂内的教学内容，另一方面组织优秀教学资源提供给学生课外学习，激发学生学习兴趣。

（2）设计交互式环节

教师必须采用比线下课堂更丰富的交互式手段，开展教与学互动，增加学生的积极性和参与度。教师在每次课程的开设期间，通过学生互评和自评的方式，有针对性地了解学生在具体的学习内容、特定能力提升方面的进步情况。

（3）加强学生管理，课上直播开启摄像头

加强学生日常管理，包括提醒、督促学生参与学习，特别是要明确宣布并执行在线教学课堂纪律和考核要求，把学生管理与课程平台结合，建立教学质量保障联动机制，课上开启摄像头，全程直播了解学生的学习情况，以保证在线教学与线下课堂教学质量实质等效。

（4）课后及时形成评价反馈

老师及时批改课后作业，给出修改意见，通过作业完成情况了解学生线上学习情况，同时课后完成作业也有利于课上有图讲评，可以合理安排利用学生的课上课余时间学习。

第四节　任务书布置

1. 任务书、指导书解读

（1）学生课程设计的选题确定后，由课题组老师编写任务书。课程设计任务书是授课老师用于向学生传达课程设计工作任务的一种表格式文书。课程设计任务书的主要功能是对学生提出和规定课程设计的各项工作任务，对学生完成课程设计起引导、启发及规范的作用。

（2）课程设计任务书的内容和要求，除在首页有学院（系）名称、专业、年级、授课教师、学生姓名等栏目外，还有课程设计题目、课题的内容和任务要求、进度安排、主要参考资料等项目。

① 题目。任务书上所填写的题目应与选题中所定题目完全相同，若有副标题，也一并写入，不能随意改动。

② 课题的内容和任务要求。在该项目中应该指明本课题要研究的主要内容及要解决的主要问题，并论述研究该课题的具体任务要求。填写该项目时，表述内容要明确、具体，要有引导性、启发性。

③ 进度安排。该项目是制定课程设计的工作程序和时间安排计划。进度安排要做到程序清楚，时间分配科学合理，并应有一定的弹性。

④ 主要参考资料。任务书所推荐的文献是指导教师规定学生必须阅读的重要文献，通过这些文献阅读，学生可以了解课题最新的研究动态。主要参考资料可以是中文或外文两种。通常主要参考资料不少于5本。

2. 任务书

（1）设计课题

课题名称：沈阳市苏家屯区永乐街道中心镇区控制性详细规划及重点地段城市设计

课题性质：真题真做

题目说明：永乐街道位于苏家屯区西南部，距市区20km，系辽宁中部城市群中间。东邻红菱街道，西与辽中搭界，南与辽阳搭界，北同沈水街道相连。永乐街道周边的资源有浑河西峡谷生态公园、沈阳水洞风景区、簸箕山、沈阳环普国际产业园等生态资源。周边交通较为便利，有沈阳桃仙国际机场、国道304、四环路、省道107、沈海高速、省道101、沈营线等道路穿过。

永乐街道以建设沈阳南部现代农业示范区为目标，强化现有农业发展，包括冷棚暖棚升级设施与科技农业，巩固现有地理标识，深化品牌，差异化经营；利用光伏发电技术推动设施农业发展；引入创客平台激活农创、科创，提升综合化农业加工业发展，推动发展集成农业，增加产业链关联程度；提升物流农业，建立农产品交易中心/电商网点、集配物流等；延伸休闲服务农业，大力发展观光农业、体验农业、度假农业、教育农业及相关附属新业态。

　　未来永乐街道依托便捷的交通条件，通过全域土地综合整治的实施，形成"一核一环两点三轴三片区"的空间发展结构。

　　永乐街道中心镇区（本次规划范围）城镇开发边界面积 111.35hm^2，其中集中建设区面积 103.36hm^2，弹性发展区面积 7.99hm^2。

　　（2）其他内容

　　包括指导教师、时间期限、设计条件（沈阳市苏家屯区永乐街道总体规划、地形图、"三调"数据）、设计要求、阶段性设计成果、交图日期以及用地条件图等。

3. 指导书

1）课程性质与目的

　　本课程为专业课。通过本课程的学习，学生应了解详细规划的类型、作用和地位，掌握控制性详细规划的内容、编制方法及成果要求，进而具有进行控制性详细规划的能力。

2）课程基本要求

　　本课程要求学生熟悉控制性详细规划课程的教学目的、教学方法、教学要求；了解详细规划的类型、作用和地位；掌握控制性详细规划的内容和编制方法及控制性详细规划的成果要求；强化对控制性详细规划的内容、编制方法及成果要求的理解和应用。

3）课程教学基本内容

（1）详细规划的类型、作用和地位

① 详细规划的类型

② 详细规划的作用

③ 详细规划的地位

（2）控制性详细规划的内容和编制方法

① 控制性详细规划的内容

② 控制性详细规划的编制方法

（3）控制性详细规划的成果要求

① 规划文件

② 规划图纸

4. 设计课题

　　课题名称：沈阳市苏家屯区永乐街道中心镇区控制性详细规划及重点地段城市设计

　　课题性质：真题真做

5. 指导教师

6. 设计条件

　　沈阳市苏家屯区永乐街道总体规划、地形图（1∶2000）、"三调"数据。

7. 设计要求

1）控制性详细规划

控制性详细规划是对近期拟开发建设的地段，在建设项目不确定的情况下作出的有关土地使用性质、范围和开发强度的规定。控制性详细规划要以城市总体规划为依据，是总体规划中用地使用的细分和深化，用于直接指导修建性详细规划的编制。同时，在城镇土地按市场管理机制有偿使用的条件下，控制性详细规划可为规划管理对土地实行有效调控与指导提供依据，使规划管理与开发建设同城镇总体布局有机衔接，防止局部建设可能出现的盲目性与破坏性。内容如下：

（1）在总体布局近期建设的用地范围内，依据总体布局和近期建设规划的要求，将地块细分，土地的使用性质具体化。明确规定各类用地性质、范围、界限、数量、建筑限高、建筑密度、容积率、绿地率、停车泊位、出入口的方位、建筑间距及退后红线距离等规定性控制指标和要求。

（2）提出指导性内容要求，包括人口容量、建筑风格与体量、色彩及其他环境要求。

（3）确定规划区的路网系统（道路红线宽度，断面，控制点坐标、标高）。

（4）确定规划区的绿化及市政公用设施配套内容。

（5）规定部分用地属性的兼容性。

（6）制定实施规划的细则。

2）城市设计

综合考虑基地与周边地区的空间关系，基于总体规划及控制性详细规划对区域范围进行乡镇空间设计研究，创造优美的城市空间，并进行经济性分析，提出规划范围内高度、高层建筑布局、标志、主要界面、开放空间等要素的控制和引导要求，校核控规用地布局和指标体系。

（1）总体定位与思路：在上位规划研究、现状调研的基础上，具体确定区域的发展目标、发展思路、发展容量与规模。

（2）功能布局与空间结构：根据上位规划，深化研究编制单元的功能构成、交通组织和土地使用，细化功能布局和空间引导，优化城市空间形态，塑造丰富多样的城市景观。必要时可提出景观塑造的重点地段，并对其提出控制原则和引导要求。

（3）高度控制：综合分析规划地段的区位、交通条件、空间景观、经济性等因素，细化上位规划要求，运用相应的技术手段加强相关视廊、视野景观分析，提出地块的建筑高度控制要求，必要时可依据不同地段条件、景观要求提出高控、低控或区间控制的要求。

（4）交通组织：对停车场、公交首末站等交通设施及道路等内容进行全面的综合研究，规划科学合理的交通组织体系和发展策略。

（5）公共空间：贯彻以人为本、和谐共生的规划理念，统筹考虑区域空间特征，塑造特色鲜明的开放空间体系。重要的开放空间包括广场、公园绿地、水体及滨水空间等，规划应对其风格、绿化景观、设施配置等提出引导要求。

（6）景观风貌控制：根据地区自身的特点，对景观风貌节点、景观视廊、建筑风貌等提出控制和引导要求，对建筑物的风格、色彩、体量、外墙材料等以及环境景观提出控制原则与引导要求。

（7）界面控制：加强城市界面控制，根据界面的构成要素、人的活动特点等，提出界面景观特征和界面基准线（建筑外墙后退道路红线）控制要求，对沿线建筑主体、裙房、构筑物的高度、立面设计、风貌特色以及绿化景观、环境设施等提出引导要求。城市界面主要包括重要街道、滨水地带等重要开敞空间的界面。

8. 设计成果

（1）控制性详细规划文本的内容要求

① 总则：制定规划的依据和原则，主管部门和管理权限

② 土地使用和建筑规划管理通则

◎ 各种使用性质用地的适建要求；

◎ 建筑间距的规定；

◎ 建筑物后退道路红线距离的规定；

◎ 相邻地段的建筑规定；

◎ 容积率奖励和补偿规定；

◎ 市政公用设施、交通设施的配置和管理要求；

◎ 有关名词解释；

◎ 其他有关通用的规定。

③ 地块划分以及各地块的使用性质、规划控制原则、规划设计要求

④ 各地块控制指标

控制指标分为规定性和指导性两类。前者是必须遵照执行的，后者是参照执行的。

◎ 规定性指标

用地性质；

建筑密度（建筑基底总面积/地块面积）；

建筑控制高度；

容积率（建筑总面积/地块面积）；

绿地率（绿地总面积/地块面积）；

交通出入口方位；

停车泊位及其他需要配置的公用设施。

◎ 指导性指标

人口容量（人/hm²）；

建筑形式、体量、风格要求；

建筑色彩要求；

其他环境要求。

（2）控制性详细规划图纸的内容要求

9. 交图日期

第十六教学周

10. 使用教材

（1）《控制性详细规划》（同济大学、天津大学等联合编写，中国建筑工业出版社，2011）

（2）教学参考书

第五节　现状调研与分析阶段

1. 现状调研内容与步骤

1）调查内容与资料收集

控制性详细规划编制应当对所在乡镇的建设发展历史、现状基本情况、上位规划、专项规划、乡镇建设需求等进行深入的资料收集和调查研究（可汇总形成基础资料汇编），取得准确翔实的资料和一手的田野调查信息并开展综合分析。主要内容包括：

- 总体规划和专项规划对本乡镇控制单元的规划要求，相邻乡镇地段已批准的规划资料。
- 土地现状使用性质和面积，用地分类至小类。
- 土地权属调查，标明国有划拨、出让用地及集体建设用地、集体农用地的使用权属界线和面积。
- 人口分布现状，包括控制单元内人口规模、构成、主要社会活动、出行方式，对公共交通的需求，出行是否方便等。
- 建筑物现状，包括建筑用途、面积与层数、建筑质量、保留建筑及已批未建建筑等。
- 公共服务设施现状，包括行政办公、商业金融、文化娱乐、体育、医疗卫生、社会福利等设施的规模、分布和建设水平。
- 给水、排水、供电、通信、燃气、供热和环卫等市政设施的现状规模、分布、完好程度及使用水平。
- 道路交通设施现状，包括道路红线、坐标、标高、断面及公交站场、公共停车场等交通设施的分布、面积和使用水平等。
- 规划审批情况，包括控制单元内已发选址、已批在建、已批未建、已拆未建等项目建设情况。
- 所在乡镇及地区的历史文化传统、建筑特色及环境特征等。
- 自然资源情况，主要对地形地貌与自然资源、风险避让、文物及古树名木等的调查，确定需要保护和控制的类型和范围。
- 所在控制单元内单位、居民及相关主管部门的综合意见与规划设想。

需要特别注意的是，着手进行控制性详细规划，第一步做什么？控制性详细规划是以总体规划为依据的，因此，收集总体规划的资料是必不可少的。这也是对上位规划的解读。总体规划涉及的内容很多，而控制性详细规划仅仅需要收集其中的几项就够了。

第一个是总体规划的路网。总体规划的路网是今后确定控制性详细规划路网的基本依据。控制性详细规划的路网骨架大体上应该同总体规划的路网骨架一致，否则就算方案做成了也很难通过。局部地方路网与总体规划路网不符的，可以一定程度上调整，但应在规划中清楚地说明它对总体规划路网的改动。

第二个是总体规划所确定的功能结构与规划人口分布图。尽管控制性详细规划不用确定整个城镇的功能结构，但是对自己规划范围的地块还是应该有一个清晰而准确的科学定位，这个定位必须结合总体规划来确定，不能与总体规划相违背。

第三个是总体规划的土地利用图。这个是以后对用地进行规划布局的一个依据。

另一点需要注意的是，一个城镇的规划不能拍脑袋想，是要根据实际情况来完成的，因此现状资料是非常重要的。现状资料包括哪些呢？社会经济、人文历史、地理地质等都是需要了解的。但从规划的角度来说，对于控制性详细规划来说，这些都不是很重要（但在总体规划中这些还有一定的重要性）。对于控制性详细规划来说，最重要的现状资料莫过于现状地形图。有了现状地形图，才能做出现状用地布局图，现状建筑质量、建筑层数评价图等，然后才能对现状用地进行分析，结合现场实际，提出现状存在的问题等。另外，由于地形图是过去一段时间测绘的，即使是最新的地形图也不可能包含最新最准确的信息，我们还需要收集从地形图测好开始到规划时的新建用地与建筑的资料，以及已报批但还没修建的用地与建筑的资料。还应收集一下现状人口资料与照片等，这些可以为以后的规划提供一定程度的参考。

现状资料是所有资料中最最重要的，应该多花些时间收集。可以说现状资料准确与否将是以后工作中工作量大小的一个决定性因素。现状资料不准确，将会产生很多的"返工活"，影响工程的进度与效率。现状资料的来源一般是由甲方（当地政府或建设局），但有时甲方提供的信息并不全面，这就需要自己动手收集，因此跑现场也是必不可少的一步。

基础资料收集除了用地与人口、自然社会经济条件、市政工程、道路交通、公共设施、历史文化等信息外，还应收集相关的上下位规划与专项规划，整理国家和地方控规制定的相关法规要求和技术标准，以及规划区内建设项目审批情况的资料等。

针对规划地段及其周边地区开展现场踏勘时，要做好文字、图纸与照片记录，特别是与现状土地利用、建筑建设、公共设施、市政设施以及道路交通等测绘图或其他基础资料有出入、资料缺失的现场信息，并标注好规划问题与需求情况。现场调查过程中应走访相关部门和主要利益相关者，开展有针对性的集体与个体访谈，通过多主体参与的方式征询相关部门、片区主要单位和主要利益相关人等的建设意见与需求。主要的现状调查与基础资料收集内容分为基础资料收集和现场调查两个阶段，可参见表 3.5.1。

控制性详细规划现状调研与资料收集的基本内容　　　　　　表 3.5.1

工作	细分	主要内容	重要程度
基础资料收集	基础信息	规划地区自然条件及历史资料，包括气象、水文、地质、城市历史等； 规划区内现状人口的规模、空间分布及年龄、职业等构成情况资料； 规划区土地利用现状（用地性质、使用权属及边界）与土地经济、社会经济统计数据、重要企事业单位情况等技术经济资料； 现有居住、工业、重要公共设施、城市基础设施和园林绿地、风景名胜等功能区域和特定地段的现状情况资料及发展要求； 乡镇公共设施的类型、规模与空间分布，基础工程设施的类型、厂站、管网、规格走向等综合资料，城市五线的划定和实施情况； 城市历史文化遗产的种类、数量、名录、空间分布、保护现状等； 地下空间利用与人防、消防等情况资料； 城市环境及其他资料等	★★★
	相关规划	总体规划等上位规划（对规划区的要求）； 与本规划区有关的已审批的规划； 其他相关专项规划的要求等	★★★★★
	技术规范	国家：国家规划管理部门出台的规划编制办法、城市绿线、黄线、紫线、蓝线等管理办法，与市政工程、道路交通、公共服务设施配套等相关的技术规范等； 地方：省或市出台的控规编制办法、技术规范、成果要求及审批规定等；与市政工程、道路交通、公共服务设施配套等相关的技术规范	★★★
	项目审批	规划管理审批信息：包括规划区范围内的建设用地划拨资料、已批修建性详细规划、已批规划用地许可证及其规划设计条件和建筑放线验线资料等	★★
现场调查	现场踏勘	针对规划地段及其周边地区开展现场踏勘； 做好文字、图纸与照片记录。对现状的土地利用、建筑建设、公共服务设施、市政公用设施、公共安全设施以及道路交通情况等进行现场考察； 记录与测绘图或其他基础资料有出入、资料缺失的现场信息等，标注问题与需求情况	★★★★★
	意见征询	走访相关部门和主要利益相关者，开展有针对性的集体与个体访谈，征询相关部门、片区主要单位和主要利益相关人等对建设的需求和意见。建议积极通过公众参与的方式（现场访问、问卷调查等），增加信息收集的深度与广度	★★★★

（1）资料收集清单

① 规划范围 1：1000 电子地形图、地籍图；

② 社会与经济发展情况（2005 年以后的统计年鉴、市志）；

③ 自然地理（地形地貌、气候特征等），包括基本农田范围等；

④ 工程地质与水文地质等相关资料；

⑤ 自然景观与城市特色；历史、文化、风貌等资料；

⑥ 总体规划及近期建设规划对本区域的规划要求，及已批相关规划（如综合交通规划、旅游规划、绿地系统规划等）；

⑦ 规划范围内编制过的其他规划，如分区规划、道路交通规划、绿地系统规划，以及批准的修建性详细规划；

⑧ 规划区人口分布资料（以街道办事处或街坊为单位统计）、规划区土地批建状况（用地单位、用地性质、用地面积，主要规划指标如容积率、建筑密度、建筑高度、绿地率）、规划设计平面图纸、效果图；

⑨ 规划区土地经济分析资料：房地产价格、地价等级、土地级差效益、有偿使用状况、开发方式等；

⑩ 公共设施现状规模布局及部门发展设想（商业服务、医疗卫生、文化娱乐、文教体育、其他）；

⑪ 对规划区有重大影响的近期建设项目情况，如可研报告及方案、铁路、桥梁等；

⑫ 现状市政公用设施；

⑬ 相关政府工作报告：政府工作报告及相关规划资料；

⑭ 地方相关城市规划条例及实施细则；

⑮ 规划设想及其他尚需说明的情况。

（2）现场调查提纲（整体表格参考附表 2-1～附表 2-15）

① 土地使用现状调查；用地权属调研

② 建筑物现状调查

● 建筑物使用性质调查。重点调查公共设施的分布，包括中小学、幼托、医院、酒店、银行、邮局、市场、影剧院、图书馆、科研机构、高等教育院校、体育场馆、车站、水厂、污水处理厂、加油站、公交站场、燃气站、变电站、垃圾收集站等

● 建筑物产权、面积、层数调查

● 建筑质量调查：根据建筑层数、建筑年代等参数划分为四类：

一类建筑：多层、小高层、高层框架结构建筑或多层砖混结构且建设年代在 5 年以内；二类建筑：多层砖混结构且建设年代较新或新建低层框架结构；三类建筑：低层民宅，多层砖混结构且建设年代较长，低层砖混结构或低层框架且建设年代较长；四类建筑：危棚简屋或违章搭建的建筑。

● 建筑年代调查：分古代、近代、20 世纪 50～70 年代、70 年代后四类

（3）土地批租情况调查

已批待建、已批在建的土地状况调查。调查内容：用地单位、用地性质、用地面积、主要规划指标（容积率、建筑密度、建筑高度、绿地率）、规划设计平面图纸、效果图纸。

周边拟规划、规划中及已批规划的项目详细信息（电子版）。

（4）公共设施现状规模布局及部门发展设想

商业服务、医疗卫生、文化娱乐、文教体育、其他。

（5）道路交通调查

规划区现状及规划城市道路红线宽度、道路断面形式、路名、道路中心点坐标、道路长度、对外公路、桥梁、道路交通设施；铁路货场、火车站、加油站、公交首末站等；城市铁路及航空客运流量，轨道交通规划设想。

（6）人口资料

规划区人口分布资料，以街道办事处或街坊为单位统计。包括规划区居民居住形式、家庭结构、居民收入水平、就业情况、上下班交通方式。

（7）规划区土地经济分析资料

房地产价格、地价等级、土地级差效益、有偿使用状况、开发方式等。

（8）对规划区有重大影响的近期建设项目情况

如项目方案、铁路、桥梁等。

（9）工程设施及管网现状

① 给水工程：现状用地范围、设计供水能力及实际供水能力；现状输配水管走向、管径、给水分区、高压水池位置及规模；给水工程专项规划；

② 排水工程：排水体制、污水处理厂位置及范围、排水管走向、管径、出口位置、排水分区、排水泵站位置；排水工程专项规划；

③ 供电工程：供电电源位置和用地范围，变电站位置、等级、供电线路走向，电压等级、敷设方式，高压走廊（110kV、220kV）控制范围（重点调查）；电力工程专项规划；

④ 电信工程：通信设施位置，通信线路走向和敷设方式，主要邮政设施布局，微波通道控制范围；电信工程专项规划；

⑤ 燃气工程：气源位置，输配干管走向、压力等级、管径、调压站、储气站位置和用地范围；燃气工程专项规划；

⑥ 供热：换热站位置及供热能力、占地规模；热力管网分布，管径走向、埋设方式等（包括回水管及供热管）；城市热源及规划；现状居民平均用热水平、供暖天数及城市气候基本数据（温度等）；规划范围内自备热源情况，锅炉数量，供热能力等；供热工程专项规划；

⑦ 环保环卫工程：主要污染源，水环境、声环境、大气环境；主要环卫设施（公厕、垃圾站、垃圾处理厂）的布局和用地范围；环境影响评价报告；

⑧ 防灾：断裂带分布，防震设施，人防工程设施，地下空间分布；综合防灾专项规划；

⑨ 市容环境调查，以照片为主，文化保护建筑，特色建筑、设施如公交站、公厕、公共电话亭、休息座椅、路牌、雕塑小品、垃圾箱、无障碍设计、广告牌等。

（10）城市外部空间调查

人活动比较多的公共空间，包括滨水地区、商业街道、广场、小绿地的分布、使用情况、居民意见等。

2）调研步骤

调研对于城乡规划专业而言是至关重要的，调研两个字可以拆分为调查和研究。真正的调研应该是扎实而高效的。

（1）课题预先分析

在开展调查以前，要做好充分的准备工作。首先要把所需资料的内容及其在规划中的作用和用途吃透，做到目的明确、心中有数。可以通过图书、资料、档案、报刊、网络等，通过查找、浏览、阅读、摘录等方式，收集一些相关的信息，对编制控制性详细规划的乡镇进行初步了解，形成初步认知，对规划对象进行预分析。

（2）实例资料调研

实际案例研究是一种迅速掌握同类型设计要点的好方法。详细参考和分析已经完成的控规的基础资料汇编，通过摘录部分现状调查报告的主要内容和典型段落，快速了解控规阶段现状调查所需的资料和深度。实例资料分为两种类型：一种为近五年的相关规划研究论文，一种为近两年相同规模、相同类型乡镇的控规图纸和文本。

参考实际案例要注意两点：

一是要参考实际案例中整个乡镇控制性详细规划编制的过程框架，分析借鉴其编制思路。

二是要参考在现状调研分析阶段发现问题的方法和解决问题的角度及其图纸表达方式、语言描述方式。

（3）调查提纲拟定

在此基础上拟定调查提纲，列出调查重点，然后根据提纲要求，编制各个项目的调查表格。表格形式根据调查内容自行设计，以能满足提纲要求为原则，使调查针对性更强，避免遗漏和重复（表 3.5.2）。

调研工作步骤与内容安排　　　　　　　　　　　　　　表 3.5.2

编号	工作内容	成果体现
1	人员分组与分工	分组名单与调研工作安排
2	初步接洽，明确意图，清楚进程	拟定工作计划
3	收集网络及已有的相关资料、信息，打印调研所需要的调研图纸，如已经取得电子文件，可先进行梳理	已有资料、信息
4	依据本规定所列出的资料清单，挑选还需收集的资料目录清单	调研清单
5	现场收集与项目有关的资料、信息	有标记的地图、照片、调研笔记
6	调研情况汇总，绘制现状图，编写基础资料汇编	调研报告、现状图、基础资料汇编

（4）地形图的准备

编制规划前，必须具备适当比例尺的地形图（区域、镇区）。区域层次的地形图比例一般为 1：2000～1：5000，镇区层面一般比例为 1：500～1：2000，在实际操作过程中可以根据规划区范围的实际大小进行选择，目的是进行现状踏勘的时候能够分辨出道路的宽度、建筑的尺寸、场地的大小等信息，方便与实际建设情况进行对比核查。随后，通过踏勘和调查研究，可以在地形图上绘制现状分析图，作为编制规划方案的重要依据和基础。同时，要准备绘图工具。在这一阶段 GIS 绘图工具是最常用及最科学的工具之一。

总之，在进行实际的踏勘之前，应该对需要调研的基地进行一个较为详尽的背景调查，做到对规划区基本情况和调研重点胸中有数后，接着才开展实地考察，采取问卷法、访谈法、拍照及记录轨迹等调研方法进行调研信息的收集；最后就是将调研内容分门别类整理，进行数据化、图面化处理，将调研成果转化成项目或研究所需要的内容（图 3.5.1）。

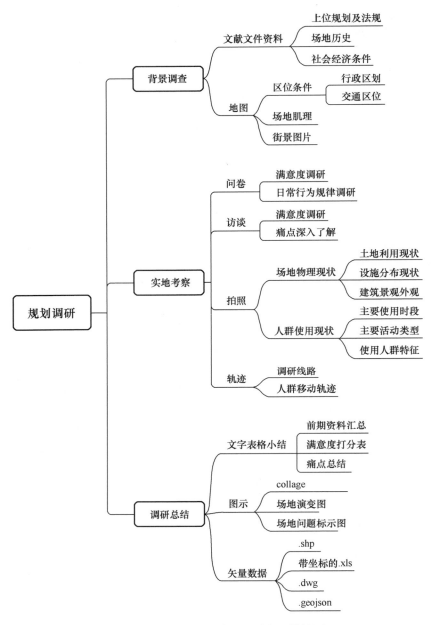

图 3.5.1　规划调研步骤及要点思维导图

2. 实地调研方法及工具

　　涉及现状调研，实际的踏勘必不可少，在探勘前要准备好合适比例的卫片，划分探勘路线，可借助 APP、无人机、测距仪等科学装备。掌握合适的调研方法和调研工具会事半功倍。

1）实地调研方法

（1）走访各部门，收集资料

乡镇控制性详细规划涉及上位规划、相关政策、村史、村情等大量文字与图片资料。资料调查指的是在乡镇基础资料收集清单基础上，通过镇政府、村委会以及相关管理部门收集乡镇相关规划及上位规划、历次乡镇规划、村庄规划、村史村情、重要项目建设情况、人口构成及变迁情况、产业发展、体制机制、各类统计报表等相关文字和图片资料。

（2）现场踏勘

① 核实现状的使用情况

② 补充地形图上没有的道路、建筑

③ 了解正在进行或即将启动的项目情况

④ 项目周边情况

⑤ 拍摄地形、地貌、重点地段建设情况、特色风景等

采用现时数据和图纸，对各控制单元范围内土地权属和使用情况、建筑使用情况、人口分布、基础设施、公共服务设施和公共安全设施以及自然人文资源等现状进行分析与评价。

对已拆未建、已批未建、已批在建及近期可开发用地等用地情况进行核查统计分析。

（3）访问座谈

访谈调研对象包括村干部、不同年龄层次的村民，游客，企业代表、乡镇政府干部代表等。访谈内容围绕住房情况及个人建房需求、设施及人居环境的满意度与发展需求、产业发展、大项目建设、企业搬迁、城乡迁移、生活愿景、村集体领导力、乡村议事规则、资金来源等内容展开，了解存在的问题以及问题产生的根源。访谈可采用座谈会、单独访谈、小组访谈等形式；要注意做好访谈记录。在访谈过程中，尤其要注意跟村民的交流方式，尊重地方习俗。另外，如果存在语言障碍问题，应该寻求懂地方方言的乡镇政府干部、村干部、村里大学生等陪同与帮助。

（4）问卷调查

问卷调查的对象包括镇、村干部、不同年龄层次的居民、游客、非农产业经营者代表、乡镇政府干部等。因此，要针对问卷调查对象的不同分别设计相应的调查问卷，以实现对调研乡镇信息的全面收集与掌握。问卷调查的方式方法，整体上可以分为自填式问卷调查、代填式问卷调查两大类。其中，自填式问卷调查中的送发式问卷调查、代填式问卷调查中的访问式问卷调查最适宜于乡镇问卷调查过程中使用。

××镇控制性详细规划居民调查问卷

居民朋友：您好！为规划××，促进本地发展，需对××基本情况及居民居住状况进行问卷调查，希望得到您的支持与合作！在您填表的同时，向您表示衷心的感谢！

1. 您家位于：A. 永北村；B. 沙南村；C. 乡政府驻地

2. 您的性别：A. 男；B. 女

3. 您的年龄（岁）：A. 20 及以下；B. 21～30；C. 31～40；D. 41～50；E. 51～60；F. 60 以上

4. 您的职业：A. 普通企业员工；B. 高新企业员工；C. 农民；D. 教师；E. 商业和服务业；F. 学生；G. 公务员；H. 军人；I. 干部；J. 离退休；K. 事业单位职员；L. 自由职业；M. 商人；N. 其他

5. 您的文化程度：A. 小学及以下；B. 初中；C. 高中/中专；D. 大专/高职；E. 本科；F. 研究生及以上

6. 您的月收入水平：A. 无；B. 1000 元以下；C. 1000～5000 元；D. 5000～10000 元；E. 1 万～5 万元；F. 5 万元以上

7. 您出行的主要交通方式（可多选）：A. 步行；B. 自行车；C. 摩托车；D. 公交车；E. 小汽车；F. 其他

8. 您从家到工作地点一般所需要的时间：A. 10 分钟以内；B. 10～30 分钟；C. 30 分钟～1 小时；D. 1～2 小时；E. 2 小时以上

9. 您觉得去××乡以外的乡镇是否方便：

A. 方便；B. 比较方便；C. 不太方便；D. 不方便。原因_____

10. 您对本村基础设施的满意度如何？（请在下面选项中打"√"）

	2—满意	1——般	—1—不满意	0—无所谓
A. 道路状况				
B. 交通系统				
C. 休闲场所				
D. 商业服务设施				
E. 教育设施				
F. 运动健身设施				
G. 垃圾处理设施				
H. 医疗卫生条件				
I. 娱乐购物设施				

11. 您觉得本镇（村）最缺的公共设施是什么：_____

12. 您觉得本镇（村）的优势/特色是什么：A. 自然环境；B. 地理区位；C. 建筑风情；D. 历史人文；E. 特色产业；F. 其他

13. 您认为本镇（村）最应该发展什么类型的旅游产业：_____

14. 您对发展民宿的看法：

A. 愿意提供民宿；B. 愿意提供民宿且接受建筑改造；C. 不提供民宿

15. 您对本镇（村）未来的发展有什么期望：_____

再次感谢您的参与！

2）实地调研内容

（1）土地利用调查

调查分析现状土地利用情况，按城市总体规划或乡镇国土空间总体规划中的中类和部分小类，统计各类用地规模，列出现状用地汇总表。

在新区还应区分在建、已出让（划拨）未建等两类用地状况。必要时增加土地适用性、用地潜力等调查和分析评价。

对区内地形、地貌、山体、河流、绿化植被等自然资源进行调查与分析评价。对区内重要企事业单位、大用地单位列出名录，调查分析其发展意向。对可能进行规划调整的现有产权单位和公共设施、市政设施用地，应详细分析土地利用调整的动因、机会与可能性。

（2）现状建筑调查

调查分析现状重要建筑情况，包括建筑用途、产权、面积、层数、质量和风貌特色等。

（3）居住人口分布调查

调查分析现状居住人口分布情况（人口、户数等）。

（4）公共设施调查

调查现状各级各类公共设施的分布与规模等情况，分析存在问题。

（5）道路与交通设施调查

调查现状道路情况，包括道路名称、走向、宽度、断面、交通流量等，分析存在问题；调查各类交通设施的分布与用地面积、技术指标等。

（6）市政公用设施

① 给水工程：调查现状用水情况，调查周边水厂、调节池、加压站、水压和管网情况。

② 排水工程：调查现状排水情况，包括现状汇水、防洪、污水处理、河道污染、现状管网情况，分析存在问题。

③ 电力工程：调查现状电力情况，包括现状用电情况、周边变电站、开闭所和现状电力线路情况，分析存在问题。

④ 电信工程：调查现状电信情况，包括电信线路、周边电信局设置的情况等，分析存在问题。

⑤ 燃气工程：调查现状管网、储配气站的情况，分析存在问题。

⑥ 环卫设施：调查现状环卫设施分布和配建情况。

⑦ 其他市政公用设施：调查其他市政公用设施（如热力、消防等）的情况，分析存在问题。

3）常用实地调研工具

（1）问卷星

优势：主打线上问卷的制作、发放、回收和分析。

劣势：功能比较单一，且回收的问卷没有定位信息，无法满足规划从业者调研空间数据的需求。

（2）两步路、三只脚

优势：专业户外运动平台，用户基数大，APP内提供全套户外运动服务，外出安全系数较高。

劣势：功能聚焦于户外运动，对于规划从业者而言并不能提供专业调研模板，也不能导入底图或导出可以直接用于规划分析的调研数据。

（3）录城 PinSurvey

优势：专为规划师和规划学子打造的调研工具，一个后台终端＋Web/小程序/iPad，定点拍照＋发放问卷，可与团队协同调研，问卷带有定位数据，且调研数据可以一键导出为 .shp、.geojson、.xls 等数据类型。

不足：较为小众，有些功能还在开发中。

使用方法：

录城 PinSurvey 是一款轻量化调研工具，旨在用更少的步骤，优化重复机械的外业调研和内业整理流程。

作为集成型的调研工具，录城 PinSurvey 融合了标绘、拍照和问卷三种功能，三种模式之间各有侧重（图 3.5.2）：

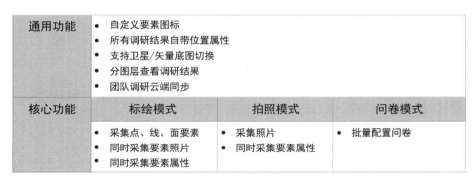

图 3.5.2　录城软件功能说明

其中最为灵活的功能就是【属性表单】。属性表单主要有两种用途：添加属性采集、配置问卷。

目前支持导入和导出属性表单功能，大大缩短了配置问卷的时间。

第 1 步：配置

登录录城→选择项目→点击配置，选【属性表单】，可以在右上方看到管理属性表单的功能（图 3.5.3）：

图 3.5.3　录城软件属性表单

第 2 步：下载

单击最右【属性表单模板下载】（图 3.5.4、图 3.5.5），

序号	问题名称	问题描述	属性类型	填写类型	提示语	是否必填	是否有其他	填写提示项	字体颜色	字号	是否加粗	是否斜体	选项	选项描述(适用于量表题)
1	问题名称1		填空题	字符		非必填	不设「其他」选项		#000	15	是	否		
2	问题名称2		单选题			必填	不设「其他」选项		#000	15	是	否	选项1|选项2|选项3	
3	问题名称3		多选题			必填	不设「其他」选项		#000	15	是	否	选项1|选项2|选项3	
4	问题名称4		量表题			必填	不设「其他」选项		#000	15	是	否	20|40|60|80|100	非常不满意|不满意|一般|满意|非常满意
5	章节标题或引导语等内容		仅展示（非填写）			非必填	不设「其他」选项		#000	15	是	否		
6	问题名称6		单选题			必填	设置「其他」	请补充说明	#000	15	是	否	选项1|选项2|选项3	
7	问题名称7		多选题			非必填	设置「其他」	请补充说明	#000	15	是	否	选项1|选项2|选项3	

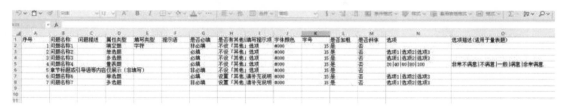

图 3.5.4　录城软件属性表单模板

1. 序号：决定问题的先后顺序

2. 问题描述：相当于问题的二级标题，对问题的补充说明

3. 属性类型：即问题类型，支持6种问题，其中前五种可以使用excel批量配置，地图选点题只能单独配置

- 填空题：给予填写提示
- 单选题：可设置“其他”选项，自行补充填写
- 多选题：同上
- 量表题：通过配置不同的分值来进行区分
- 仅展示（非填写）：给要素添加固定属性或提示
- 地图选点题（仅可单独配置，不可通过excel直接配置）：可以选择地图上的单个点，作为自动校准定位的补充或满足其他定位需求。

4. 填写类型（仅适用于填空题）：

- 字符（支持数字、字母、汉字混合）
- 整数（仅整数，不可输入小数点）
- 小数（整数或小数，可输入小数点）
- 日期（下拉选择日期）

5. 提示语（仅适用于填空题）：给予填写提示

6. 是否为必填题目（适用于除“仅展示”外的所有题型）：自定义哪些是必填题，哪些是非必填题

7. 是否设置其他选项（仅适用于选择题）：选择题勾选“其他”时，可自动弹出手动填写框

8. 填写提示项（仅适用于选择题且设置了“其他”选项）：选择题选择“其他”后的补充提示

9. 选项（仅适用于量表题）：选项之间用“|”相隔，可配置多个选项

10. 选项描述（仅适用于量表题）：满意程度与选项数字相对应，如，20-非常不满意，40-不满意。

图 3.5.5　录城软件模板配置规则

第 3 步：整理

根据需求整理，按照格式规则整理好问卷模板或属性采集模板（图 3.5.6、图 3.5.7）。

第 4 步：导入

整理好后，回到 PC 端点击【导入属性表单】，并“打开”相应的文件夹，选择相应 Excel 表，上传完毕（图 3.5.8）。

图 3.5.6　录城软件调查问卷模板

图 3.5.7　整理好的属性采集模板

图 3.5.8　数据导入

案例：

附件一　某乡镇控规调研资料提纲

一、社会经济资料

1. 20××年政府工作报告

2. "十三五"发展规划、"十四五"发展规划

3. 规划区范围内村庄、单位现状情况

4. 规划区范围内人口统计：按村庄（自然村）、单位、厂矿等，包括户数、总人口、男女、农业人口、非农业人口、暂住人口等，近 5 年人口的出生率、死亡率、自然增长率、机械增长率

5. 规划区范围内的土地利用现状（包括各类用途土地的界线及面积，基本农田、一般农田、盐碱地、水面的界线及面积）（现场调研）

6. 规划区范围内各类企业发展现状

7. 规划范围区内科技文教卫生设施现状、规划范围 1:1000 地形图；

8. 各相关部门对规划区的发展设想及建议

二、自然生态资料

1. 规划范围内地质、水文资料

2. 规划范围内水资源状况

3. 规划范围内地貌、自然灾害、生态环境资料

4. 规划范围内国土资源情况（水资源、土地、植被、开发整治等）

5. 规划范围内主要风景名胜、文物古迹、自然保护区的分布和开发利用条件

三、工程部分基础资料

1. 道路交通

（1）对外交通

① 公路（过境道路、省道、国道主干线、高速公路）：名称、等级（行政、技术）、断面形式、走向；

② 铁路：名称、等级、境内里程、车站数、车站性质（等级、规模）、近几年（5～10）客货运量；

③ 长途汽车站：位置、名称、规模、班次、线路、车型（客、货车）、车数、职工人数、经营情况、客货运量（4～5年）。

（2）规划区内道路交通及设施

① 现状道路交通图：道路一览表（名称、长度、红线、断面、性质、起至）；

② 现状桥梁一览表（名称、长度、宽度、结构、荷载）。

③ 停车场：位置、数量、占地规模；

④ 广场：位置、数量、占地规模；

⑤ 加油站：位置、数量、占地规模；

⑥ 规划区域周围现状道路交叉点标高及坐标。

2. 给排水

（1）规划区内给排水管线设施的现状资料（管径、位置、埋深、长度、管材等）

（2）水源及类型等（水量、水质、水压）、水厂的位置、规模、处理方式、运行以来的供水情况（包括每年的总供水量、平均日供水量、最高日供水量等）

（3）污水处理厂（拟建污水厂相关设计资料）

（4）工业用水量

（5）排水体制

3. 防灾

（1）规划范围内沟渠、河流等水文地质资料，防洪设施的现状资料，河堤高程等相关资料

（2）防洪专项规划资料

（3）地震资料，地质断裂带分布情况等

（4）其他灾害（风、沙等）的相关资料

（5）消防设施现状和专项规划

（6）人防现状和专项规划

（7）综合防灾及灾害应急预案

4. 供热

（1）供热现状：规划区供热方式，现有锅炉房数量、锅炉台数、总容量，现有集中供热面积，分散用户供热方式等

（2）工业区的用热类型、负荷预测等

（3）供热规划设想（可行性报告、发展规划等）

5. 燃气

（1）规划区目前使用燃气类型

（2）高压输气管线位置、管径、埋深、管径、压力、防护距离，各站址位置、面积等

（3）与城市管网接管位置、埋深等

（4）燃气供应规划设想（可行性报告、发展规划等）

6. 电力

（1）电力系统现状调查

① 现有变电所（主要电压等级）的主设备规范；

② 送电线路的主要规范（主要电压等级），包括导线型号、截面组合、线路长度等；

③ 现有各主要工业用户（主要高耗能）的用电负荷，主变容量；

④ 现有系统主要电压等级，电网的地接线图及单线接线图，发电厂、变电站（总规：330kV、110kV、35kV，控规另加 10kV）位置、数目。

（2）调查确定电力负荷发展水平

规划系统和地域范围内的电力、电量及其增长率的历史资料。

（3）调查电网发展资料

① 电力负荷的分布及发展情况；

② 输电线路走廊情况；

③ 变电所位置及选址情况；

④ 气象资料。

7. 电信

（1）城建规划方面的资料

（2）电话通信现状情况：市话，长话，无线

（3）电信业务、装机情况、用户量、用户分布、现有装机容量

（4）目前线路走向情况：局、所位置，名称，等级，业务，电信线路位置，敷设方式，地下管网

（5）规划区内互联网的发展情况：有线电视网，移动局有线网

（6）规划区内其他重要通信设施：确定规划区内有无微波站、雷达站、中短波站、国防干线、国家一级干线、部门内部网络等

8. 环保环卫

（1）环保

① 规划区主要污染企业、其污染物排放情况；

② 地表水环境污染现状资料。

（2）环卫

① 垃圾处理、收集方式，运输线路，垃圾填埋场位置、容量；

② 公厕数量、分布及种类；

③ 环卫人员及设施配置。

3. 现状调研综合分析与表达

1) 区位条件分析

影响区位的因素大体分为自然因素和社会经济因素。区位分析时要把握好这两个方面，深入分析各要素与所要分析的地理空间、产业发展的联系，再抓主要方面进行重点分析。

（1）自然因素

地形：地形情况。

气候：是什么气候，降水是否适度，气温是否适中。

河流：临河。运输功能：河流交汇点、过河点、河口、河运的起点或终点，交通便利；供水功能：临近河流，水源充足或丰富。

（2）社会经济因素

国家政策：国家政策的扶持、鼓励，国家政策变化（例如：解决就业的工厂设在不营利的区位；为缩小经济差距进行的乡村振兴）。

自然资源：判读某地是否有某种自然资源或临近某种自然资源。

交通：由地图判读图中某地是否临铁路、公路或高速公路、港口或码头，是否为多种交通方式的交会处，交通是否便利。

农业基础：本地农业基础，提供何种类型的农副产品。

（3）其他因素：是否是政治、宗教、军事中心，是否是旅游、科技中心（新因素）。

2) 历史文化资源分析

调查历史文化资源现状并对其进行科学保护和开发利用，这对繁荣当地文化事业和文化产业，提升城市文化竞争力，增强区域竞争优势，促进政治、经济、文化等全方面协调可持续发展，具有重要而深远的意义。历史文化资源主要有以下几种：

（1）历史遗迹类

历史遗迹指人类活动的遗址、遗物和其他有历史与纪念价值的遗迹。

① 古人类遗址

古人类遗址是指人类的起源到有文字记载以前的人类活动遗址。人们通过对古人类遗址的观赏可获得有关人类起源与进化、史前人类住所、生存环境、生产和生活工具等方面的知识。

② 古代都城遗址

中国的漫长历史上，不同的朝代、不同的诸侯国、边塞邦国、小王国都有自己的都城。经过千年的风雨沧桑，大多数均只留下遗址。

③ 古战场遗址

我国历史上由于各派割据势力之间的冲突和新旧势力的争斗曾发生过不少的战争。

④ 名人遗迹

名人遗迹包括历代名人故居、名人活动遗址以及相关的纪念性文物与建筑。

⑤ 近现代重要史迹

主要为鸦片战争以来所留下的革命遗址、革命遗迹、重要会议会址、烈士陵园、纪念性建筑物等。

（2）古建筑类

长城、关隘、城墙、民居、宫殿等。

（3）古代陵墓类

陵墓作为旅游资源，主要分为帝王陵墓、名人陵墓、悬棺三类。

（4）历史文化名镇（村）

历史文化名镇（村）是指有悠久历史，具有重要历史价值、艺术价值、科研价值，在地面和地下保存的文物、建筑、遗址和环境优美的村镇。

（5）宗教文化类

宗教文化是我国传统文化的组成部分，宗教建筑、雕塑、绘画、音乐等是我国传统文化的瑰宝，有些佛教石窟造像、道教宫观壁画等更是稀世国宝，已成为著名的旅游资源。

3）人口状况分析

（1）人口静态统计分析

人口总数、人口密度、性别构成、年龄构成、受教育程度（表3.5.3）。

现状人口统计表　　　　　　　　　　　　表 3.5.3

行政村名称	户数	人口

（2）人口动态统计分析

出生率、死亡率、人口自然增长率。

（3）人口其他数据统计分析

就业人口、失业人口、农业人口、非农人口。

（4）人口变化及影响

人口剧增、人口流失、人口老龄化、就业问题等。

4）产业发展现状分析

产业发展现状分析首先要分析产业在本规划区范围内或者周边地区中的发展地位和优势，判断和分析该产业的总体发展水平。其次要在规划区内部和周边区域之间分析产业的比较优势和发展水平。可以把该产业历史以来能够找到的分析报告按年度依次阅读，重点关注规模、盈利、态势等方面的信息。主要关注以下几个方面：一产发展现状、主要农产品类型、二产规模与年产值、三产的类型和形态；一、二、三产产业结构，明确支柱产业、主导产业和核心产业是什么。

相关产业链的运行机制：产业链分析要做到准确把握产业链整体布局、产品—企业关系、产品—产品上下游关系、企业—企业上下游关系等；如果是已形成的产业，可以利用产业链分析精准定位产业的优势、劣势、缺失产业环节，捕捉产业短板及双链所需的延、展、扩、强、补环节。

（1）产业竞争分析：首先需要了解区域乃至全国同产业的分布及发展状态。要充分了解龙头老大是谁，竞争格局如何，商业模式如何，盈利模式是什么样的，是否存在区域产业同质化现象，是否存在恶性招商竞争，是否存在承接产业转移竞争，等等。正确分析竞争对手，有利于正确判断产业进入的机会和壁垒，正确评估自身优劣势，最终找到正确的方向和制定准确的战略布局。

（2）产业发展前景分析：产业的静态分析能够帮助我们迅速把握产业的基本特征，但产业的发展是动态的，随着时间的演进，其会发生结构变迁。这个时候就需要通过产业规模和结构的变化趋势、产业关联的变化趋势、产业空间集疏的变化、产业发展重点空间的判断等，科学预测产业未来的前景、市场增幅空间和空间变化态势，这对产业发展和规划具有重要的意义。

（3）现阶段产业发展所面临的问题：准确分析和把握产业在发展中存在的各类问题及瓶颈，需要分析产业整体、不同产业之间、产业内部等在发展水平、产业关联、技术发展、资源利用、区域优势发挥、生态和环境保护、产业用地等方面存在的问题及瓶颈。无论是初建产业还是规划区产业面临升级转型，产业分析都是必不可少的环节，它是区域进行产业规划的基础。

5）土地利用现状及评价

土地利用现状调查是指在乡镇范围内，查清各种土地利用类型面积、分布和利用状况。土地利用现状调查是现状调查中最为基础和重要的调查。

土地利用现状是自然客观条件和人类社会经济活动综合作用的结果。它的形成与演变过程在受到地理自然因素制约的同时，也越来越多地受到人类改造利用行为的影响。不同的社会经济环境和不同的社会需求以及不同的生产科技管理水平，不断改变并形成新的利用现状（图 3.5.9）。

图 3.5.9　土地利用现状图示例
（学生作业）

土地利用现状分析评价是对规划区域内现实土地资源的特点、土地利用结构与布局、利用程度、利用效果及存在问题作出的分析。

土地利用现状分析是土地利用总体规划的基础，只有深入分析土地利用现状，才能发现问题，作出合乎当地实际的规划。因此，在编制乡镇控制性详细规划时，必须对土地利用现状作深入调查，分析土地利用现状资料，找出土地利用存在问题，作为控制性详细规划用地调整的重要依据。

土地利用现状评价按照用地用海分类采用三级分类统计，共设置 24 种一级类、106 种二级类及 39 种三级类。乡镇控规中的土地利用现状要划分到三级类。

乡镇域内的土地利用现状面积，是在土地资源详查和变更调查基础上，汇总各分类土地面积数据获得的（表 3.5.4）。

土地利用现状结构统计表

表 3.5.4

6）规划区建设现状分析

此部分内容主要针对现状建筑情况（建筑质量、建筑高度、建筑特点等）；重要建筑的使用功能、业态和权属问题；现状建设的风貌特点、景观要素等。这一部分的分析可借助现场照片辅助加以说明，尤其是功能突出、特点显著的建筑，要在分析图中标明位置并配以现场实物照片。

7）公共配套设施现状评价

8）道路交通现状评价

9）市政公用设施现状评价

10）环境保护状况分析与评价

11）规划区主要单位规划意向调查总结与分析

4. 调研成果

1）调研成果形式

（1）基础资料汇编

基础资料汇编以文字表述为主，其中要详细描述规划区域现状情况，并对影响未来发展的情况进行分析。主要内容框架如下：

① 上位规划及相关政策

② 各层次上位规划的实施情况。通过对总体规划的回顾和实施分析，总结规划中科学合理的部分，分析规划与新的形势不相适应的部分，研究实际建设中的问题，以期为镇区规划的编制提供有益的参考

③ 土地开发容量：不同功能区下的人口容量密度

④ 空间发展方向：总规中与规划区发展方向相关的阐述

⑤ 规划结构：总规中对规划区空间结构的阐述以及规划区在整体结构中所处的位置

（2）规划区现状资料

案例结构如下：

第一章　自然条件

① 地理位置：与何地接壤或交通互通

② 地质地貌：地形地貌、山脉、水文条件

③ 气象气候

④ 资源情况：土地、矿产、森林、水力、风力等

第二章　历史沿革

主要为规划区历史发展的脉络总结。

第三章　社会经济

① 现状人口情况：总人口、男女比例、人口自然增长率

② 经济概况：经济发展现状、农业生产方面、工业方面、第三产业、土地经济（土地有偿使用状况、开发方式等）

③ 近期建设意向：近期开展的居住项目、公共设施项目、工业项目、道路交通设施、绿地河流水系保护、生态环境整治和建设措施、历史文化遗产保护措施、新区建设等内容

第四章　土地利用现状

① 土地使用情况：用地汇总表

② 现状土地权属：现状用地权属分为已建用地、已征在建、已征未建、未征未建用地四类

第五章　交通条件

公路、铁路、镇区道路长度与断面形式、交通设施（加油站、公交始末站）

第六章　建筑现状

① 建筑功能现状分析

② 建筑高度

③ 建筑质量

④ 建筑风貌特色

第七章　市政设施

① 给水排水工程

② 电力、电信、邮政、燃气设施

③ 环卫设施（垃圾站、公共厕所等）

④ 防灾设施

第八章　历史文化传统

（3）汇报 PPT 文本

汇报文本应该以图纸表达为主，其主要作用是与甲方、老师、同学进行交流以及对现

状资料进行整合和分析。其内容可分为：

——规划条件解读

规划条件解读主要包含规划政策背景、区位条件、上位及相关规划解读、区域交通条件、自然资源条件、区域历史文化条件、产业经济发展基础等内容，其中上位总体规划解读是必须要细致进行的，因为控制性详细规划是在总体规划的基础上进行的，是对总体规划内容进一步的建设控制和实施，如果对上一层次的规划理解不深的话，很难做好控制性详细规划。

——现状分析

现状分析主要是对规划区已建成的土地、环境、设施等进行分析，主要包括土地使用现状分析、道路交通现状分析、建筑建造现状分析、公共设施配套现状分析、市政设施建设现状分析、人口现状分析等，还包括其他与规划区现阶段建设相关的分析。

——案例借鉴

对标实际项目的案例分析需要有针对性和指向性，即依据规划项目本身的性质寻找类似的、可供借鉴的优秀案例，或根据规划项目规模大小锁定国内外的成功案例。案例应取舍得当、扬长避短。案例选择可以是在规划案例，也可以是已建成案例，对于规划案例要学习其独到的规划思维、技术方法或理念概念，对于已建成案例要学习其成功之处，包括理念思维和运作开发模式等。最好能够有逻辑地将各种优秀案例进行归类研究，总结不同规模、目标和开发模式的可借鉴特征，为后期规划设计开拓思路。

另外看论文也很重要，很多专家参与一些大项目后会发论文，品质都很高，可以按专家名字搜索，然后对应去找项目资料。

——问题总结

现状分析的问题总结要点主要有以下几方面：

① 与上一层次规划的衔接：控制性详细规划是对总体规划的深化、量化，是以总体规划作为主要依据的，因此规划应贯彻总体规划的战略意图，处理好用地性质、人口分布、道路系统、交通组织、绿地系统、工程管线等内容的衔接。

② 用地布局是否合理：控制性详细规划要将用地分到小类，因此各类用地的合理安排、定性定量是非常重要的。

③ 交通组织是否合理：地块内外交通应顺畅便捷，机动车、非机动车应有序组织，停车场出入口合理布局，方便生活，促进地区发展，有机联系。

④ 地块划分：地块划分是为了方便开发管理，因此划分过程中用地大小、用地性质、用地价值是考虑的重点。

⑤ 配套设施是否充足：包括生活服务设施、市政公用设施、交通设施等，避免由于开发商不关注公共配套设施建设、开发而带来系列社会问题。

2）调研报告表达重点及技巧

（1）提纲——套路

调研报告写作之时一定要注意报告提纲的梳理和逻辑的通顺。一般来讲，调研报告的写作存在一定的常见"套路"。可以按照做事的先后顺序进行，例如：前期资料收集——现场实地踏勘——意愿咨询——发展条件分析——规划重点总结。也可按照规划内容进行分类阐述，例如政策支持——上位指导——现状问题。其实调研报告的写作"套路"没有什么定式，只要符合自己阐述的叙事逻辑，能够让人清楚地了解规划意图和规划重点即可，可多多参考优秀的项目案例，根据自己的项目类型风格进行创作。

（2）总结——标题式

由于调研报告需要与甲方、老师、同学们进行交流，所以要避免大篇幅的描述性的文字。要注意根据每页 PPT 所想表达的内容进行重点凝练和突出显示。例如一些是特征性的信息——稻米之乡、北方水镇、英雄边城等，一些是描述性的总结——历史文化丰富、民族特征显著、自然生态多样等，还有一些是问题的总结——教育设施不足、交通系统混乱、基础设施老化欠缺、自然生态被破坏、河道水系缺少活力等。标题式总结能够让讨论者、倾听者快速了解你想表达的信息，清晰明确地判断你的规划基础是否牢固、现状研究是否深刻到位。

（3）以图说话——分析图表达明确

调研报告中要避免大段文字的堆砌，要学会使用图表的形式表述重要的内容。图表表达要注意：简洁易懂；色系不乱；文字显示整齐；页面清爽舒服。

如何才能画出一张理想的分析图呢？下面提供几个小技巧：

① 善用卫星图

设计源于场地，自然要扎根于场地。所有的创意和创新都与场地现状密切相关。如何清晰地表达出场地的独特性和对场地的理解是关键。

在卫星图上，场地景观的效果远远好于建筑物，随便 PS 两下效果都不错，尤其是配合 CAD 图。表达上可以将周围的山水拿出来深入描绘，内容尽量丰富，层次清晰明了（图 3.5.10）。

图 3.5.10　利用卫星影像图的分析图（学生作业绘制）

② 善用三维模型

做方案的时候常常会通过模型进行思维推演，无论是实体模型还是电脑模型，做完的模型不要浪费，拿来做分析图也是极好的呀！（图 3.5.11）

图 3.5.11　模型图用来做空间分析（学生作业绘制）

如果建筑楼层分布比较有亮点，建议用轴测图或剖面图的方式表达纵向交通，这样会更直接。

③ 善用高级灰

分析图需要用不同的色彩来标注不同的功能和流线，但处理不好图面就会显得脏乱。作图的时候，色彩调整应当克制一些，饱和度不能太高，但对比度要大。饱和度过高的色彩会使得画面过于杂乱，不利于突出主题，所以加大对比度、善用高级灰，会让图面主体信息更突出，也会让阅读者感觉更舒适（图 3.5.12）。

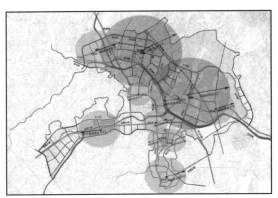 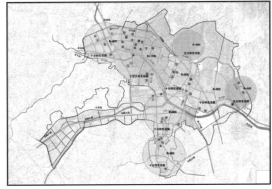

图 3.5.12　高级灰分析图颜色对比

④ 善用图表

任何设计都是基于使用者和市场分析来进行的，为了将设计意图表达得更清晰，可以添加图表来进行辅助表达。图表的选择很重要，基础的柱状图、饼状图不是不能用，但是略微有些不足，最好选择可进行大数据可视化分析类图表，以有效提升图纸的说服力(图 3.5.13)。

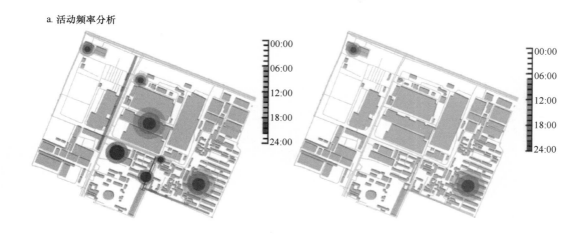

a. 活动频率分析

b. 人口结构分析

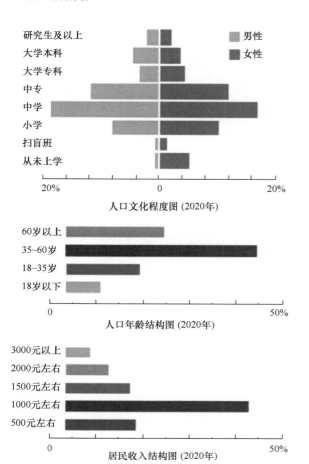

基地人口总体文化程度普遍较低，中专以上学历只占19%，中学文化水平人数所占比例最多。多为北大营片区原住民，对于居住环境的使用频率相比于其他地区较低。

其中女性平均受教育程度低于男性，更有约12%的女性从未上学，多为家庭主妇，对于城市空间的使用及感受需要在城市设计中加以重视和表现。

60岁以上老年人口占总人口的比重达到10%以上，标志着这个地区的人口进入了老龄化社会。数据显示，2020年，基地60岁以上人口占24%，已经严重超过10%，且有增加趋势，人口老龄化问题日益严峻。

居民以离退休人员为主，占总数的34%；下岗人员占12%，这种职业结构也决定了低收入水平，家庭月收入在1000元上下的人口占居民总数的48%，在3000元以上的仅10%，且都为原住户的后人，由此可见租户基本上都是处在城市最底层的居民以及乡镇进城打工人员。

图 3.5.13　大数据、图表分析图示例（学生作业）（一）

c. 地段发展优势分析

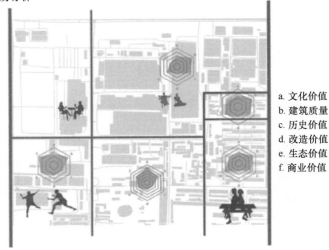

a. 文化价值
b. 建筑质量
c. 历史价值
d. 改造价值
e. 生态价值
f. 商业价值

通过历史、文化、商业等六方面因素对地段发展优势作综合评价，拟定地段内发展优势相对明显的区域作为城市更新的活跃点，带动地段活力复兴。

d. 初步策略

图 3.5.13 大数据、图表分析图示例（学生作业）（二）

分析图是为了得出结论，切忌为了凑图纸去做一堆的分析图却不知道是为什么做，只是为了分析而分析。图面表达不需要高深复杂，表达清楚想要表达的意图即可。

构图有逻辑、思维有条理，再适当具备一定的审美品位，画出一套高水平的分析图并不难哦。

3）调研报告主要框架

① 项目适用的法规规范

首先要介绍项目所在区位概况，针对该项目主要的适用性法规主要包括：

● 国家法律：《城乡规划法》《城市规划编制办法》《城市规划编制办法实施细则》

- 上一层次的总体规划
- 已批各项相关专项规划
- 国家相关的法规、规范及条例
- 当地相关的法规、规范及条例

② 相关规划与设计要点汇总

总体规划中对本区的功能定位；相关规划对本区的要求等。总结本规划区的主要设计要点。

③ 已批规划、用地、建筑及市政设施汇总（表 3.5.5）

现状已批用地与新建建筑一览表　　　　表 3.5.5

序号	单位名称	用地性质	用地面积 /hm²	建筑面积 /m²	位置	备注

④ 自然条件

本规划区的地理环境条件（山水田林园居）。

⑤ 人口状况（表 3.5.6）

现状人口统计一览表　　　　表 3.5.6

序号	社区名称	户数/户	人数/人	备注
1				
2				
	小计			

⑥ 社会经济环境分析

不可开发用地面积，占总用地的比例。

近期可开发用地主要的分布，其占地面积及占总用地的比例。

远期可改造开发用地主要分布，其占地面积及占总用地的比例。

⑦ 土地利用现状分析及评价（表 3.5.7）

现状城市建设用地平衡表　　　　表 3.5.7

序号	用地性质			用地代号	面积/hm²	比例/%	备注
	其中						
	总计					100.00	

⑧ 规划区建设现状分析：建设现状；现状建筑质量分析图

⑨ 公共配套设施现状与评价：商业金融用地；医疗卫生用地；教育科研用地；配套设施用地（表 3.5.8）

现状配套设施一览表 表 3.5.8

序号	名称	数量	地块编号	备注
1	幼、托			
2	小学			
3	中学			
4	大学			
5	中职专			
6	派出所			
7	居委会			
8	肉菜市场			
9	垃圾站			
10	邮政所			
11	门诊所			
12	医院			
13	文化活动中心			
14	运动场			
15	公共汽车站（场）			
16	配电室			
17	公厕			
18	储蓄所			
19	影剧院			
20	电信模块局			
21	电信分局			
22	瓶装供应站			
23	文物古迹			

⑩ 道路交通现状与评价（表 3.5.9、表 3.5.10）

现状主次干道技术指标一览表 表 3.5.9

序号	道路名称	道路红线宽度/m	道路长度/m	横断面
1				

现状村道技术指标一览表 表 3.5.10

序号	道路名称	宽度/m	长度/m	面积/m²	起点	止点
1						
2						

⑪ 市政公用设施现状与评价：包括给水、排水、电力、电信、燃气、供热

⑫ 环境保护状况分析与评价

⑬ 历史文化资源

⑭ 规划区主要单位规划意向调查总结与分析

⑮ 规划区存在问题与对策

第四章

乡镇控制性详细规划过程设计

第一节 一 草 阶 段

1. 方案的构思

(1) 规划方案构思

结合乡镇总体规划，分析现状资料，找出现状乡镇建设中存在的问题，将这些问题整理出来，作为控制性详细规划重点要解决的问题。

① 在用地布局上，用地功能是否混杂，土地利用率是否合理，公共管理与公共服务设施用地容量是否足够，商业用地是否分化，中心区集聚性如何等。

② 道路系统是否完善，是否存在过多的 T、Y 字形交叉路口，公共停车场是否缺乏等。

③ 景观风貌上是否缺乏亮点和特色，反映乡镇个性的干道景观和滨河景观特色是否明显；乡镇水系是否得到很好的利用，是否与乡镇绿地系统有效结合等。

总结出现状存在的问题以后，提出规划的重点：规划思路为以路网为依托，确定功能结构，调整乡镇用地功能和结构；优化乡镇交通系统，长远控制、合理改造，达到优化道路系统的目的。

① 整治乡镇景观水系，规划乡镇中心有机合理的生态景观风貌；同时，加强乡镇绿地系统建设。

② 确定合理的乡镇建设控制指标。

(2) 规划结构

空间结构的生成即是方案的构思推演，即如何根据镇区定位确定功能分区，实现土地利用价值的最大化，构建合适的发展结构。空间结构特色通过点、线、面要素来表达。

"点"是指在乡镇层面，能够统领乡镇空间结构的"核心"。选出的"点"要素代表最高层级的中心或节点，代表乡镇空间特色或构思主题。

"线"是能够提炼出反映乡镇整体空间特色的结构轴线或功能带。"线"一般依托重要的山水格局、廊道或公共服务设施带等特色"带状"功能空间的支撑，如滨河景观带、乡镇发展轴线等。一般情况下，"线"状要素一般需要经过乡镇结构层面的"点"要素。

"面"是需要对各类功能斑块进行整合，一般用片区、组团命名。如核心片区、工业组团、居住片区等。

一般情况下，乡镇的空间结构相对细腻、具体。

首先，构建轴线。一般以道路系统或者景观为轴线。

其次，建立廊道。整理自然生态脉络，优先保留自然水系为特征的绿色廊道，将绿色生态廊道作为划分区域的重要空间依据。

最后，界定分区。利用自然水系、生态廊道等线性要素，自然分割，结合周边功能与交通路径，形成镇区的功能结构组团（图 4.1.1）。

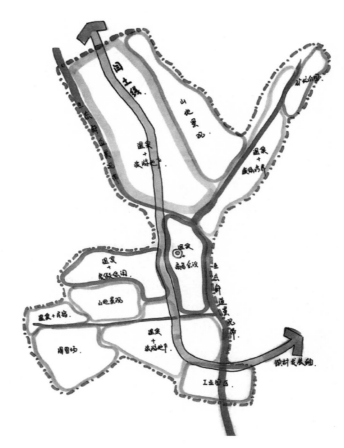

图 4.1.1　某镇空间结构规划图

2. 方案的推敲

1）用地规划方案

以居住类用地、公共服务类用地、工业仓储类用地、绿地类生态用地四大"功能色块"为主，与乡镇道路系统中主、次干道的梳理过程配合，关注道路与"色块"的关系。

首先，按照总体规划勾勒出公共服务类用地、生态斑块、道路骨架、公用设施等用地范围；其次，勾勒出增量的公共服务类、绿地生态类的"色块"，突出规划结构方案的"点""线"要素的落地，包括公共服务设施类用地以及生态绿地、公园绿地、防护绿地等的规模；最后完成其他类用地的"落地"（图 4.1.2）。

2）道路系统的梳理

道路系统的梳理要与用地勾勒相配合，做到对外交通设施的有效衔接。乡镇交通系统内外的衔接：交通性主干道、生活性主干道系统。最后在用地上勾勒次干道、支路网的梳理。

（1）对外交通的梳理

结合交通需求分析，将结构设计阶段确定的"线"状廊道和"点"状设施转化为具体

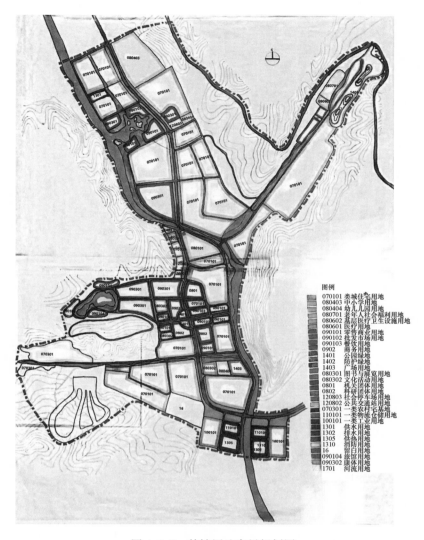

图 4.1.2 某镇用地布局规划图

的选线和用地，做到定点定线，使对外交通设施高效服务于乡镇，又避免对乡镇空间拓展造成阻碍，或影响乡镇内部的空间组织。

定线：对国道、省道等现状对外交通设施进行可行性分析，确定线路位置和走向，避免对乡镇形成包围和分隔。

定点：重要的交通枢纽类的"点"状设施，结合用地进行组织，确定准确位置；衔接好对外交通系统与乡镇道路系统，避免互相干扰。

在手绘图纸上不必追求规模的精准，画出大致的规模范围即可（图 4.1.3）。

（2）乡镇道路梳理

根据交通需求关系，与用地布局勾勒同步进行，确定乡镇主干道的选线，并对次干道进行梳理，注重可能性、可行性。从用地组织与道路系统关系上，调整主次干道，形成完善的干道系统，并在此基础上梳理重要的支路网（图 4.1.4）。

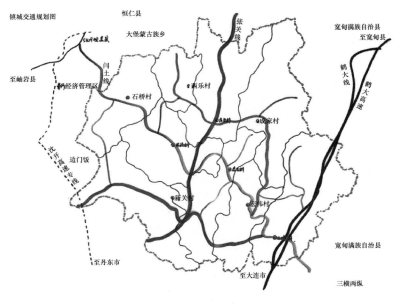

图 4.1.3　道路系统分析图

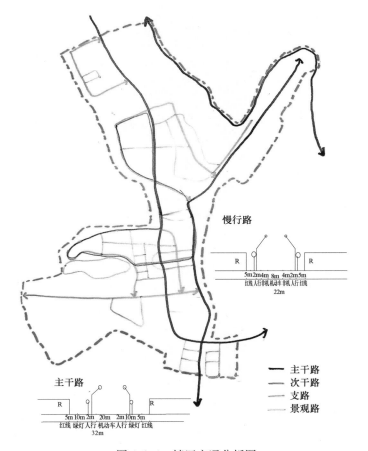

图 4.1.4　镇区交通分析图

第二节　二　草　阶　段

1. 确定总体定位

1）SWOT 分析

通过上位规划及相关规划解读、现状条件分析，确定规划区内存在的优势和劣势，以及机遇和挑战。

① 自身优势：优越的自然环境；丰富的资源；扎实的农业基础；快速成长的工业；良好的产业发展开端；便利的交通条件等。

② 自身劣势：交通、资源、有限的可建设用地等。比如现状建设情况，给乡镇建设发展带来的难度，现状的基础设施条件等。

③ 外部机遇：如资源条件、资金扶持、产业辐射带动作用、交通带动作用等，以及一些国家政策的支持。

④ 外部威胁：村民利益的保障、竞争激烈、产业转移、经济发展风险等。

依据以上情况分析区位和资源等优势，如是否可接收大城市辐射，是否有创新动力等，实现乡镇经济的快速发展，打造产业繁荣、生态环境优美的乡镇。

2）方案构思的组织

综合乡镇的现状条件、发展机遇以及面临的问题与挑战，规划将着重按照以上分析，进行规划策略的构思。

（1）合理利用资源，提升开发的品质

在结合现状资源条件，规划限定要素的基础上，引入以城市设计为先导的控制指标制定机制，对于不同景观区域提出不同的、合理的地块指标。

（2）灵活划分地块，适应开发要求

依据上位规划，乡镇内规划路网格局较为（或不）完整。规划在充分落实上位规划路网布局的基础上，局部核心地块在满足商务、商业、居住等群体建筑空间环境控制要求的基础上适当细分，以便灵活地适应开发建设要求。

由于乡镇发展的不确定性，结合总体规划，通过讨论来辨别乡镇发展的焦点问题，提炼和组织构思的主题和结构方案。

基于对构思方向的选择，选择可以借鉴的理论和学说，围绕焦点问题，组织方案的"构思主题"，以寻求方案的支撑。建构"主题构思"与乡镇发展目标、乡镇性质、规划理念等的一致性，开展乡镇空间功能组织和结构设计。

与主题构思同时进行乡镇空间结构的设计，构建整体思维与勾勒草图同步进行。从山水格局、对外交通网络、功能片区、重要节点、空间轴线等要素展开结构设计，重点考量要素布局的合理性以及与构思主题的契合度。

3）设计目标

① 明确乡镇发展定位，与上位规划内容衔接，并进一步分解落实，确定该地区在城

市中的分工。

② 依据发展定位，综合考虑现状问题，制定各项开发控制的总体指标，并在用地和功能服务设施、市政公用设施、环境质量等方面的配置上落实到各地块，为实现发展定位提供保障。

③ 为各地块制定相关的规划指标，并选用法定的技术管理工具，直接引导和控制地块内的各开发建设活动。

4）功能布局与空间结构

落实上位规划的保护开发总体要求，统筹内部生态保护、重大设施与廊道控制、特色景观等空间影响因素，加强产城融合，促进职住平衡，研究确定乡镇布局结构。加强与周边乡镇在交通、生态、景观等重要廊道控制、基础设施、公共管理与公共服务设施共享、临界空间要素统一等方面的协调。

凭借乡镇良好的外部资源条件，结合上位规划及相关规划要求，规划形成"×带×轴×片区"的功能结构，分别对带、轴、片区进行具体的解释说明。

绘制要点：采用带、轴、片区的表达方法，表达出城镇发展带、城镇发展轴线和各个片区。

5）用地规划布局

一般采用手绘图的方式，以总体规划为依据，用地分类以大类为主，涉及强制性内容的用地，如公共管理与公共服务设施用地、绿地与广场用地、公共服务设施用地等到中类；乡镇建设用地总量基本符合乡镇规模的总量约束；用地"色块"边界清晰，色块规模基本精准；主次干道系统清晰，梳理出重要的支路网；居住和工业用地可以用轮廓线勾勒出轮廓范围，表达出相应级别的绿地和设施类用地。

按照不同省市当地的国土空间规划导则（未出导则的按《国土空间调查、规划、用途管制用地用海分类指南（试行）》），勾画出道路和各类用地范围并用相应的色块填充。

6）公共服务设施规划

落实上位规划公共管理与公共服务设施配置要求和标准，统筹相关专项规划，优化公共管理与公共服务用地布局，加强用地控制。综合考虑单元目标定位、服务能级、服务人口、功能特色等因素，配置单元内各类公共管理与公共服务设施。

（1）生活圈构建

构建15分钟社区生活圈和5分钟便民生活圈。15分钟社区生活圈基于乡镇行政管理范围，配置内容丰富、规模适宜的服务要素；5分钟便民生活圈基于社区管理范围，配置日常使用特别是面向老人和儿童的基本服务要素。

根据乡镇区位条件确定服务要素配置标准，城市近郊区或邻近县城的乡镇，宜充分依托城镇已有的服务要素基础，推进基础设施和服务要素共建共享；远郊区规模较大的乡镇，宜在原有基础上集聚提升，配置功能综合、相对完善的服务要素；宜加强与邻近中心村服务要素的衔接，纳入同一乡村生活圈统筹考虑。根据不同村庄的资源禀赋和农林渔畜牧业等生产特点，在满足一般乡村社区生活圈需求的基础上，可配置相应的旅游、文创、科技等服务要素，如旅游资源丰富的村庄，可设置游客综合服务中心、特色民宿及餐饮等设施；具备乡村文创、科技等优势特色产业基础的村庄，可重点培育乡村创新创业空间，提供生产培训和生活服务要素。

宜依托乡集镇所在地，统筹布局满足乡村居民日常生活、生产需求的各类服务要素，形成乡镇社区生活圈的服务核心。县城可在完善自身服务要素配置的同时，强化综合服务能力，实现对周边乡集镇的辐射。

乡镇更新区域、历史风貌与文化遗产保护区应强化基础保障型服务设施配置，补齐公共管理与公共服务短板；公共活动中心地区交通枢纽区、沿山滨水景观地区应加强品质提升型和特色引导型服务设施配置。

完善社区基础设施配置的同时，加强为农服务功能；有条件地区可结合实际情况，提升医疗、教育、文化、体育、交通等方面的服务品质，兼顾对村庄的服务延伸。

（2）服务要素配置

一般情况下，宜配置卫生服务站、老年活动室、老年人日间照料中心、幼儿园、小学、初中、文化活动室、室外综合健身场地、菜市场、邮政营业场所以及生活垃圾收集站、公共厕所等服务要素；配置满足农民生产所需的农业服务中心和集贸市场；配置保障日常便捷出行的公交换乘车站；建设具有一定规模、能开展各类休闲活动的公园绿地；构建由避难场所、应急通道和防灾设施组成的救援服务体系。

有条件的情况下，面向农民就业创业需求，发展职业技术教育与技能培训；人口达到一定规模的乡集镇，可配置乡镇卫生院、养老院、高中、乡镇文化活动中心、乡镇体育中心等服务要素；配置公交首末站，提升公共交通可达性。

（3）布局指引

乡集镇层级的布局指引可包括如下方面：

① 倡导多元和谐的空间结构。科学把握不同类型乡集镇的发展规模、区位条件、资源禀赋、建设阶段等情况，协调产业、住宅、公共服务、生态环境、安全防灾等布局关系，形成尊重历史、融合自然、适度集聚、有机联系的空间格局。

② 构建活力便捷的乡集镇中心。文化、体育、医疗、教育等服务要素宜邻近生活性街道、交通节点、公园水系等布局，形成功能复合、便捷可达、环境宜人的乡集镇公共活动中心。

（4）公共管理与公共服务设施

落实上位规划确定的教育、医疗卫生、文化、体育、社会福利、公共管理以及社区生活圈综合公共服务设施等配置要求，衔接专项规划确定的目标、标准和布局原则，针对实际服务人口特征和需求，确定保留、改建、迁建和新增的各类公共管理与公共服务设施级别、数量、规模，在满足服务半径基础上优化布局。

新建地区社区生活圈综合公共服务设施宜集中布局，提高使用效率；更新地区可因地制宜采用灵活布局模式。

绘制要点：在镇区范围内，标注出各类公共服务设施的用地范围、类别并附上文字符号标注。

7）道路系统规划

落实总体规划（分区规划）及综合交通规划提出的道路网、公共交通、慢行交通、停车设施等交通网络与设施的规模、布局要求，坚持以人为本、公交优先、绿色低碳、分区差异等原则，统筹协调交通、用地、环境等空间要素，综合考虑慢行交通、机动交通、静态交通等各类交通的关系，优化并明确交通设施功能、规模、布局，提升交通出行环境。

(1) 设施供给策略

针对单元功能类型及交通特征差异，采取差别化交通设施供给策略。

以公共服务功能为主的单元重点构建高密度的道路网和公交网，建设全覆盖、高品质的慢行交通设施以及慢行与停车、公交的衔接换乘设施；以居住功能为主的单元重点塑造安全、安静的交通环境，构建连续的慢行网络，加强慢行与公共交通的衔接，加强停车设施供给；以生产功能为主的单元重点优化货运通道、货运场站布局，处理好慢行过街等安全问题；以历史文化功能为主的单元重点构建完善的步行专用路系统，做好步行与公共交通、停车换乘设施的衔接，控制停车设施供给规模。

(2) 道路系统

结合用地布局细化，加密道路网，优化道路线形，完善路网结构，明确道路功能、走向和红线宽度。构建安全、舒适、活力、共享的街道空间体系，合理确定生活服务、商业服务、景观休闲、综合服务等街道功能类型，根据街道内各类功能需求合理分配街道空间，保障步行、自行车通行和驻停空间，加强沿街界面整合，绿化街道环境景观及风貌特征要素，提升街道空间品质。

绘制要点：在镇区范围内，标注出各类公共服务设施的用地范围、类别并附上文字符号标注。同时画出不同等级的道路断面图，标注好尺寸。

(3) 公共交通

落实乡镇轨道交通、乡镇快速公交的走向及站点位置；明确常规公交、轨道交通、快速公交等各类公共交通场站的数量、规模和布局，鼓励公交场站混合、立体开发，明确其中交通功能空间的规模控制要求。

(4) 慢行交通

落实慢行立体过街设施的位置、形式，明确绿道、自行车专用道等慢行道路的走向和通行宽度控制要求。具备条件的单元，结合公共管理与公共服务设施设置步行街区。

(5) 机动车停车设施

确定公共停车设施规模、布局，积极发展地下停车和立体停车，鼓励停车设施与其他功能混合布置，提高土地利用效率。

8）绿地系统规划

落实总体规划（分区规划）及绿地系统专项规划确定的生态环境保护目标，合理确定单元绿地总量和重要绿地、绿廊、广场布局，明确绿地、广场的规模、数量以及绿廊宽度；结合社区生活圈构建，优化各类绿地布局，倡导立体绿化；为有利于增加"碳汇"和丰富生物多样性，鼓励提出乡土树种比例、乔灌草结构等绿化配置要求。

第三节　三 草 阶 段

1. 完成市政设施综合配套

以安全、高效、集约、绿色、智能为目标，以新城建对接新基建，推动市政基础设施智慧化建设，统筹地上和地下、传统和新型公用设施体系布局，加强公用设施用地管控。

（1）给水工程

落实总体规划（分区规划）、专项规划中水厂、区域增压站等重大设施布局及规模，明确水厂、原水管、区域供水管控制范围，提出防护要求；确定主次干管布局和管径，结合综合管廊规划校核区域内给水管线入廊的必要性和控制要素。

① 给水系统的构成和功能

乡镇取水工程，负责将原水取送到乡镇的净水工程，为乡镇提供足够的水源。将原水净化处理成符合乡镇用水水质的洁净用水，并加压输入乡镇的供水管网。输配水工程，将净水按水质、水量、水压的要求输送至各个用户。

② 给水系统规划的任务

根据乡镇和区域水资源的状况，最大限度地保护和合理利用水资源；合理选取水源，进行乡镇水源规划和水资源利用的平衡工作；确定乡镇自来水厂等给水设施的规模、容量。

布置给水设施和各级给水管网系统，满足用户对水质、水量、水压等要求，制定水源和水资源的保护措施。

③ 取水规划

取水设施，取水口应设置在能经常取得足够的水量和较好水质，且不易被泥沙淤积和堵塞的河段。取水口应布置在乡镇上游，且要求取水口上游附近不得布置有污染性企业、厂矿，以保证取水口的水质。取水设施，应布置在地质条件较好的地段，避免有滑坡等地质现象出现。

④ 给水管网

输水管线，一般应布置两套，一条有故障时另一条仍能供水。管线的布置要结合地形，合理利用地形高差，建立重力流，减少费用开支；配水管网布置成环状。分质给水系统，满足不同用户的用水需求，减少对水资源的浪费；节约用水，对用水量较大的用户，可考虑水的多次重复使用。

（2）排水工程

落实总体规划（分区规划）、专项规划中污水厂、雨水排涝泵站、区域污水提升泵站等重大设施布局及规模，明确防护要求；结合内涝防治要求，明确雨、污水主干管网的布局模式和建设规模；推进雨洪利用和污水再生利用；基于专项规划确定的主干管网控制点标高，深化完善次、支管网控制点标高。

① 排水系统的构成与功能

分流制：雨水、污水分开（以前是合流制）。雨水排放工程，及时收集与排除区域内的雨水，抵御洪水和潮汛的侵袭，迅速排除城区滞水。污水处理与排放工程，收集与处理乡镇各种污水（生活与生产），综合利用，妥善排放处理后的污水，控制与治理乡镇污染，保护乡镇与区域的水环境。

② 排水工程系统规划的任务

根据乡镇的自然环境与用水状况，确定规划期内污水的处理量，污水处理设施的规模与容量（污水处理厂、中途提升泵站）、雨水排放设施的规模与容量（雨水泵站）；布置污水处理厂等各种污水处理与收集设施及污水管网；制定水环境保护、污水利用等对策及措施。

③ 乡镇排水管线

排水管线的种类：雨水管和污水管。

排水管的布置：分流布置，分区域收集污水，再汇流到干管，最终排入乡镇污水处理厂。

④ 污水处理厂选址原则

地势相对乡镇较低，便于污水的流入；应位于乡镇下游、夏季主导风向的下风向；应靠近河道或接近污水处理后的主要用户；应远离居住区，并要求有一定范围的绿化隔离带。

（3）供电工程

校核用电负荷，落实总体规划（分区规划）、专项规划中 110kV 及以上变电站布局，明确变电站建设形式，鼓励新建变电站与非居住建筑结合建设，鼓励开发利用地下空间。明确高压线路廊道路由及控制宽度，提出中压线路敷设原则，鼓励电力线路结合综合管廊敷设。

① 供电工程规划主要应包括预测用电负荷，确定供电电源、电压等级、供电线路、供电设施。

② 供电负荷的计算应包括生产和公共设施用电、居民生活用电。

用电负荷可采用现状年人均综合用电指标乘以增长率进行预测。

规划期末年人均综合用电量可按下式计算：

$$Q = Q_1(1+K)^n$$

式中　Q——规划期末年人均综合用电量（kWh/人·a）；

Q_1——现状年人均综合用电量（kWh/人·a）；

K——年人均综合用电量增长率（%）；

n——规划期限（年）。

K 值可依据人口增长和各产业发展速度分阶段进行预测。

③ 变电所的选址应做到线路进出方便和接近负荷中心。变电所规划用地面积控制指标可根据表 4.3.1 选定。

变电所规划用地面积控制指标　　　　　　　表 4.3.1

变压等级（kV）一次电压/二次电压	主变压器容量/[kVA/台（组）]	变电所结构形式及用地面积/m²	
		户外式用地面积	半户外式用地面积
110(66/10)	20-63/2-3	3500～5500	1500～300
35/10	5.6-31.5/2-3	2000～3500	1000～2000

④ 电网规划应符合下列规定：

a. 镇区电网电压等级宜定为 110kV、66kV、35kV、10kV 和 380/220V，采用其中 2～3 级和两个变压层次；

b. 电网规划应明确分层分区的供电范围，各级电压、供电线路输送功率和输送距离应符合表 4.3.2 的规定。

电力线路的输送功率、输送距离及线路走廊宽度　　　表 4.3.2

线路电压/kV	线路结构	输送功率/kW	输送距离/km	线路走廊宽度/m
0.22	架空线	50 以下	0.15 以下	—
	电缆线	100 以下	0.20 以下	—
0.38	架空线	100 以下	0.50 以下	—
	电缆线	175 以下	0.60 以下	—
10	架空线	3000 以下	8～15	—
	电缆线	5000 以下	10 以下	—
35	架空线	2000～10000	20～40	12～20
66、110	架空线	10000～50000	50～150	15～25

⑤ 供电线路的设置应符合下列规定：

a. 架空电力线路应根据地形、地貌特点和网络规划，沿道路、河渠和绿化带架设；路径宜短捷、顺直，并应减少同道路、河流、铁路的交叉；

b. 设置 35kV 及以上高压架空电力线路应规划专用线路走廊，并不得穿越镇区中心、文物保护区、风景名胜区和危险品仓库等地段；

c. 镇区的中、低压架空电力线路应同杆架设，镇区繁华地段和旅游景区宜采用埋地，敷设电缆；

d. 电力线路之间应减少交叉、跨越，并不得对弱电产生干扰；

e. 变电站出线宜将工业线路和农业线路分开设置。

⑥ 重要工程设施、医疗单位、用电大户和救灾中心应设专用线路供电，并应设置备用电源。

⑦ 结合地区特点，应充分利用小型水力、风力和太阳能等能源。

（4）燃气工程

落实总体规划（分区规划）、专项规划中燃气门站、分输站、调压站、储气站、加气站等燃气设施布局及规模，明确气源及供气方式。落实燃气高压管道、中压管道的主干管路由及管径、压力参数，根据路网布局细化支管路由及管径、压力参数。

（5）供热工程

落实总体规划（分区规划）、专项规划中热电厂、换热站、能源站、供热管网等供热设施布局，根据用地功能及周边资源条件明确供热方式，鼓励地源热泵、水源热泵等可再生能源开发，提高能源利用效率。明确各类供热设施的用地规模和防护要求，明确供热主干管网的走向、位置及敷设方式，鼓励供热管网结合综合管廊敷设。

（6）通信工程

落实总体规划（分区规划）、专项规划中固定电话交换局所、移动通信机房、有线电视网络中心等设施容量规模和空间布局原则，明确防护要求；有独立用地需求的通信设施，确定其位置和用地规模。明确通信主干传输通道的走向、路由及安全防护要求，提出基站、机房、通信管道等通信设施集约化建设要求，鼓励通信线路结合综合管廊敷设。

（7）环卫工程

落实总体规划（分区规划）、专项规划中垃圾转运站、环卫停车场、垃圾资源回收中心等重大环卫设施布局，制定降低邻避效应的方案。依据垃圾分类方式提出垃圾资源回收利用要求。

（8）管线（管廊）综合

落实总体规划（分区规划）、专项规划中综合管廊布局及其附属设施用地需求，明确入廊管线种类和建议断面形式，提出平面和竖向控制要求；提出管线综合原则、目标和建议方案。

（9）综合防灾

全面贯彻落实总体国家安全观，综合评估本单元面临的主要灾害风险及次生灾害，因地制宜进行风险影响评价，按照韧性乡镇建设要求，高标准规划单元防灾减灾基础设施布局和应急防控措施，降低灾后影响。

① 抗震工程

落实总体规划（分区规划）、专项规划中中心避难场所、固定避难场所和临时避难场所等空间布局，确定其规模、建设要求，明确避震疏散通道管控要求；提出新建、改扩建工程的抗震设防要求。

② 防洪排涝工程

依据总体规划（分区规划）及流域、区域防洪专项规划，明确单元所在区域设防标准，合理划分排水片区，优化积淹风险区标高控制，提出提标改造及其他应对措施。针对超标洪涝工况，提出应急抢险措施和相关应对建议。

③ 消防、人防及其他工程

落实总体规划（分区规划）、专项规划中消防站布局、等级、服务范围、建设规模，结合地下空间规划明确人防工程设置标准，选择符合条件的体育馆、展览馆等公共空间融入避难场所等应急功能。

落实总体规划（分区规划）、专项规划中应急医疗设施用地、物资库等安全设施布局，明确防护措施。

（10）竖向规划

落实乡镇竖向专项规划要求，尊重地形地貌，保障健康安全，营造特色环境，协调地上地下，综合考虑乡镇开发建设中地质安全、防洪排涝、土方平衡与余土处理、微地形景观营造等实际问题，合理确定建设用地的场地高程和道路、桥梁、堤防等控制点标高，提出空中、地面、地下分层开发、分层赋权、统筹管控模式。

2. 乡镇空间设计

乡镇空间设计指以乡镇作为研究对象的设计工作，地域上区别于针对性的空间设计，同时介于规划、建筑与景观设计之间。相对于规划的抽象性和数据化，乡镇空间设计更具有具体性和图形化，图纸表达的方式直观简单且易懂。

乡镇空间设计以形体环境风貌为主，重功能组织、空间关系、结构、轮廓、流线、风貌等多维要素。尤其关注乡镇公共空间，强调对乡镇生活，人的心理、生理与行为的满足，以及与周边环境的有机结合。注重整体性，强调环境的舒适度与便捷性，着重考虑社会效益与环境效益。

（1）乡镇空间设计的宏观、中观和微观理解

乡镇空间设计有着宏观、中观和微观三个维度。

宏观针对镇域，要落实上位总体规划确定的城乡景观风貌指引和管控要求。结合自然地理格局和地域文化特色，确定乡镇整体风貌定位和总体要求，构建全域景观系统，划定重点管控区域与节点。协调乡镇与周边山、水、林、田等重要自然景观资源的关系；对滨水空间、山地丘陵、历史文化、乡土民俗等特色景观资源提出有针对性的管控要求；挖掘地方民居特色，对布局形态、建筑风格、体量、色彩提出引导和管控要求。

中观针对镇区，镇区空间设计是对镇区范围内各用地、功能的空间落地，其成果提供了建筑群体形态、绿地开敞空间、景观风貌空间形态及总平面布置，在控规中是起到引导作用而非严格的限定。通过空间设计引导来实现对镇区内空间发展的结构性要素限定和控制，这些控制将直接指导未来的建设开发和建筑与环境设计。

微观针对节点空间，是对乡镇节点公共空间的设计，包含镇区入口、党建、行政及文化广场、公共空间及街区口袋公园、主路绿化及建筑院墙改造等，包含空间场域范围内的建筑改造及景观设计。

（2）镇区空间设计草图绘制要点

① 中心镇区空间设计框架

凯文·林奇开创的空间意象分析体系应用广泛，其所提出的设计五要素"标志（Landmark）、节点（Spot）、路径（Path）、边界（Edge）、区域（District）"成了设计实际操作中的通用思路，但乡镇层面的空间设计意象研究尚需拓展。通过调研国内典型乡镇，采集百份认知地图，得出乡镇空间的认知构成要素以路径和标志为主。区域、边界、节点不显著，"路径—标志"框架是镇区空间设计的重点与规律性变化所在，以此分析为依据进行差异化空间设计。

② 镇区空间设计的形式逻辑

形式构图的逻辑分析作为设计操作的前期过程，其目的在于分析形式要素产生的可能原因与形式要素的关联逻辑和构组规律，而非纯形式化的构图游戏。

形式逻辑往往应用于草图阶段，步骤为"整体框架——组团模式——建筑组群——空

间细部"，操作核心为模式化构图，这是对功能、景观、道路乃至生活方式等因素的综合化考虑。

基本方法依据图底关系理论，通过图形抽象（点—线—面）与关系纯化评判空间整体结构。注重层次性，自上而下、层层分解，从整体关联到个体生成、从基本关系到具体组构基本关系。分合、虚实、均异——先分（形态分区）后合（体系建构）、先虚（公共空间）后实（建筑形态）、先均（基本围合）后异（有机变化），同时关注传统形式美学法则：比例与尺度、均衡与稳定、韵律与节奏、对比与微差、重复与再现、渗透与层次等。

草图阶段常用镇区空间设计技巧主要为成组成团、大虚大实、聚散结合、连续对位，以取得形态灵活、构成清晰、类型多样、层次丰富、整体有机的镇区空间设计效果。

③ 镇区空间设计图纸

镇区空间设计图纸包括：

a. 案例借鉴、空间设计理念

找寻面积及产业类型相似、自然条件接近的乡镇空间设计案例，分析其宏观定位、产业规划、空间结构、整体框架、组团模式及建筑组群表达等。

利用乡镇的自然和人文特色，总结镇区的空间特色，结合自己对于方案的理解，书写乡镇空间设计理念，如低碳公园型新集镇、体验式商旅乡镇等。并总结空间设计目标，如功能复合、产业先行、生态引动等。

b. 镇区空间设计框架图（比例形式不限）

就凯文·林奇设计五要素"标志、节点、路径、边界、区域"或乡镇空间设计两要素"标志、路径"进行空间框架分析，找到镇区空间的重点设计路径和节点，形成镇区空间设计框架重点，如"五大板块，复合高效；接驳环线，高效联动；十字廊道，活力岸线；生态绿化，低碳公园"（图 4.3.1）。

c. 镇区空间功能结构、交通、开放空间分析图（比例形式不限）

镇区空间功能结构分析图区别于控规中的功能结构图，重点在于找寻镇区重要节点及

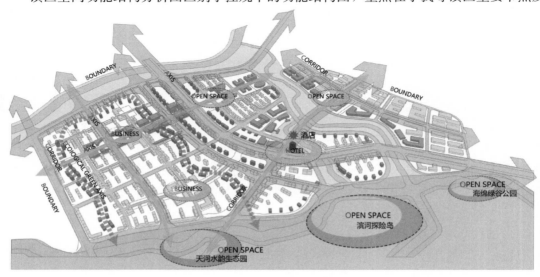

图 4.3.1　镇区空间设计框架图

重点道路，并以形成特征鲜明的路径和空间界面（天际线）为主要目标。

如图 4.3.2，镇区主路以市民活动广场、行政办公为中心，以滨水娱乐商业、地标性酒店塑造沿街立面，以门户地标组织视线廊道，打造高低错落、起伏有序的天际线。

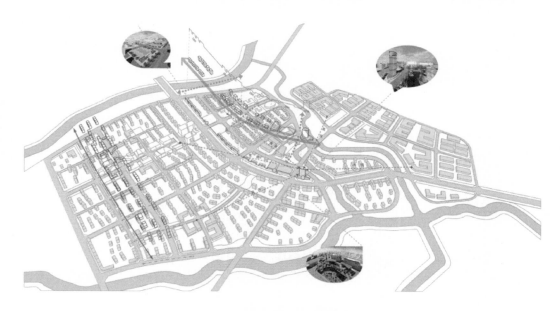

图 4.3.2　镇区空间功能结构分析图

镇区交通分析图区别于控规中的交通规划图，除了镇区主要的机动车交通规划，重点在于打造慢行交通网络以及静态交通体系，形成服务于市民的步行休闲慢行网络。

如图 4.3.3，通过线路站点的合理布置提高公共交通使用效率，达到绿色交通引导

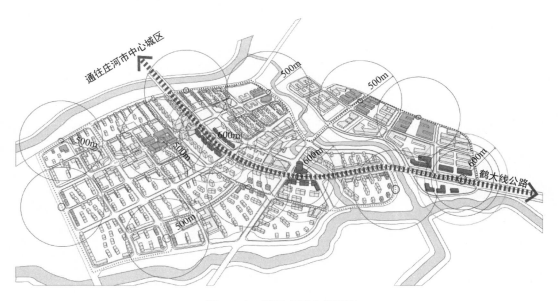

图 4.3.3　镇区交通分析图区

目标。超过 90％的公交站 500m 服务半径覆盖率，600m 范围内公共设施结合交通节点开发。

镇区开放空间分析，规划布设镇区"点（斑块）、线（廊道）、面（基质）"结合的生态安全格局，形成以绿为心、水为廊、多心多廊的生态网络。如图 4.3.4，以基质为面，廊道为线，布置生态网络中心、踏脚石等点状要素，共同构成生态安全格局网络。

图 4.3.4　镇区开放空间分析图

d. 总体平面图（比例：1∶1000，一组一张图，全组拼在一起）

将建筑、道路、景观等要素细化落图，形成彩色总平面图，并标注规划红线、四至、线段比例尺、指北针和图例。彩色平面用色以绿、灰为主要色调，重要建筑组群和路径应采用明快的暖色凸显，巧用植物组团分割并形成各式空间，建（构）筑物及水系的阴影应明确。

e. 总体鸟瞰图

鸟瞰图重点突出乡镇重要路径和标志节点，路径包括主要道路景观及两侧建筑、水系景观，节点包括镇区主要的功能建筑群（公共服务中心、商业中心、文化中心）、开放空间（入口节点、文化及党建广场、公园、口袋花园）等。利用近大远小原理，对鸟瞰图近景空间进行重点刻画，并增加天空、汽车、人群等气氛场景（图 4.3.5、图 4.3.6）。

f. 节点设计效果图

指重点建筑群及开放空间的节点设计效果图。应注意每张效果图所表达的重点要突出，不宜面面俱到，突出所要表达的群体建筑、单体建筑、景观场景即可，且图纸风格应统一（图 4.3.7）。

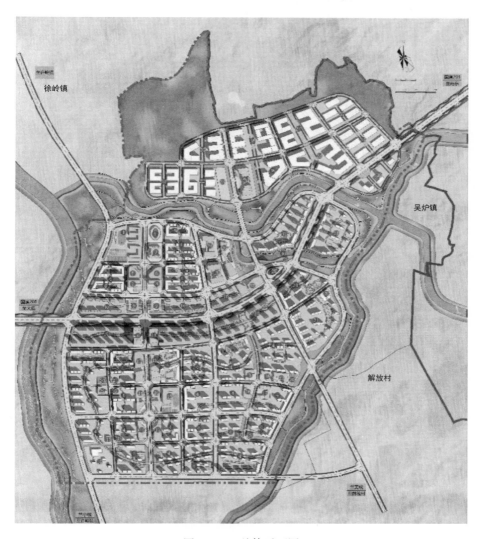

图 4.3.5　总体平面图

图 4.3.6　总体鸟瞰图

图 4.3.7 节点设计效果图

（3）指标验证（校核）

规划单元或地块指标给定的科学性和权威性，经常是控规成果被质疑的焦点，也常因为控规实施与现实要求差距过大，执行起来困难重重，导致控制性详细规划局部调整频繁。因此，控制性详细规划编制中，科学合理地确定每一项控制指标的具体赋值是富于挑战的核心工作。

做好控规的指标赋值工作，其前提是能够对每项指标的含义和作用具备深入的理解，并且建立起控制指标与建成形态之间的对应关系。目前我国控规指标给定的常规方法大部分还是出于标准遵从、统计比较或者经验判断，也即从经验出发，基于土地的区位与性质、地块及周边现状等具体条件，对比参照类似城市地块的指标容量，以及城市规范对指标设定的相关要求等作出综合判断，这里是通过乡镇空间设计或开发方案研究来进行具体指标拟定。因此，在控规设计课程中设置"空间设计成果"反推"控规指标"的环节，直接解释"管控指标"和"空间形态"之间的内在关系，完善控规编制的指标设定与赋值。

镇区空间设计应在成组成团、形态分区，模式清晰、肌理明确，重点突出、主次分明，层层变化、对位严整的基础上，突出镇区标志及道路等特征，并有效形成特色天际线，满足乡镇等级的建筑高度、密度、退线等控制要素，以地块为单位，利用空间成果反推地块在控规阶段的规定性指标。

第四节　乡镇控制性详细规划图则

1. 控制性详细规划法定图则的意义

（1）法定图则的由来

追根溯源，法定图则的理论思想与应用实践来自于区划理论（Zoning）（有人说法定图则也是区划理论中的一种形式）。普遍认为，各个国家城市规划实施的管理方法基本上可以简单分为两种类型：一种类型是以英国为首的个案审批（Case by Case）制度，另一种则是以德国、美国为首的先确定控制内容，再根据控制内容实施管理的区划制度。

① 英国规划体系起源

自 1947 年英国颁布《城乡规划法》起，英国便确立了以"开发控制"和"发展引导"为主要任务，以"发展规划"为核心的规划体系。《城乡规划法》文件首次正式将土地所有权和土地开发权两者区分开来，从现行法律框架上规定应当由政府控制土地开发权，同时规定编制建设规划是政府承担的一种法定职责，并规定编制城乡规划是政府的法定职责，没有取得规划许可的项目不得开发。1968 年，英国政府修订《城乡规划法》，确立了两种新的规划体系："二级规划体系"，即郡层面下的结构规划体系（Structure Plan），区层面下的地方规划体系（Local Plan）。1986 年，英国政府修订《城乡规划法》并颁布《规划和补偿法》，对二级规划体系作出调整，在都市郡和大伦敦地区撤销了郡级政府，设立单一发展地区，在这一地区施行兼具结构规划和地方规划的单一发展规划（Unitary Development Plans）。而真正的变革是 2004 年颁布《规划与强制收购法》，取消了"二级规划"的规划体系，取而代之的是由跨区域政府统一编制"区域空间战略规划（Regional Spatial Strategy）"方案。其次，郡层面不再编制结构规划，改为由区层面编制地方发展框架，代替地方规划和单一规划。

② 德国规划体系起源

区划（Zoning）一词最早起源于 19 世纪末的德国，也是目前欧美国家主流的城市规划管理的方法。德国最早颁布《区划法》，并于 1960 年颁布了《联邦规划法》，为区划确定了法律依据，其后又颁布了多部有关城市土地资源开发控制的法律，即《联邦建筑法》《联邦综合区域规划法》《城市更新与开发法》。德国城市规划纲要大致可分为两个基础阶段：土地利用规划（Land Use Plan）和区划（Zoning）。土地利用的规划一般适用于城市发展或城镇开发，该规划主要侧重于宏观层面，更多强调提出城市规划或者是城镇开发的重要指导和方针思路以及重大政策取向；而区划制度则侧重于建立土地分区的科学标准，划分界定各类城镇用地的边界范围，明确这些土地资源的开发利用性质条件和各项开发保护控制规划指标，并通过立法将各类规划标准法律化，使其自身变为控制和依法管理城市建设发展的法律依据。区划的规划内容往往会直接涉及辖区居民个人的根本生活利益问题，因而，在为其实施制订计划和组织审批执行的过程中，法律明确规定必须要有充分的公众参与程序，以有效实现每个公民对城市规划内容的监督权。正是由于区划的制订和审批经历了比较严格的法定审查程序，因此其在正式实施执行的具体过程中刚性较强，弹性较小。

③ 美国规划体系起源

19 世纪初，德国分区规划管理的方法被引入美国，并逐渐实践和发展。在律师爱德华·巴赛特（Edward Bassett）等人的建议下，纽约市议会及地方政府于 1916 年 7 月 25 日为保护当地民众的"健康、安全、福利和道德"，通过了《纽约市用地区划条例》，此管理规则主要是由联邦早先使用的三种关于土地使用管理及控制的基本方法——建筑物高度限制（1909 年）、建筑物退缩（1912 年）及使用控制（1915 年）合并发展而成，并首次提出管理权（Police Power）应用于土地使用。初期的区划法能保证政府不会建设出太坏的城市，但不能真正保证建设出更有特色和最有独特魅力的城市。1961 年，纽约对区划法进行了全面彻底的修改，增设了城市的设计导引原则和乡镇空间基本标准等新内容，增加了规划设计文件评审过程，使区划制度成为实施城市建设与城镇设计管理的有力工具。在控制的内容中也进一步增加并包括了容积率指数（Floor AreaRatio，FAR）、天空曝光面（Sky Exposure Plane）、空地率（Open Space Ratio）等新指标。另外，针对早期传统区划技术在实施中缺乏弹性控制手段和适应性的弱点，出现了规划单元开发（Planned Unit Development）、激励区划（Incentive Zoning）、开发权转让（Development Rights Transfer）等控制引导政策。

④ 我国控制性详细规划的起源

控制性详细规划制伴随我国市场经济制度的产生而出现。其雏形首先出现在上海市：1982 年，上海市编制了虹桥开发区规划，开中国控制性详细规划的先河。该规划建设是在上海市人民政府批准的驻沪领事馆集中建设区，根据外资建设的国际惯例，借鉴美国的区划技术，编制的土地出让规划。规划对用地进行分区设计和土地细分，确定每个地块用地面积、用地性质、容积率、建筑密度、建筑后退、建筑高度限制、车辆出入口方位及小汽车停车库位等 8 项控制指标，受到了外商的欢迎。规划打破了长期以来国内规划传统模式的所谓"摆房子"式的详细规划建设模式，以一套科学合理并经过相关研究的相对清晰明确的规划和管理指标体系，来适应规划管理和当代中国社会市场经济条件下土地划拨及出让行为。为了尽快适应市场经济的需要，深圳市借鉴吸取了香港等地区的规划经验，在国家确定的城市总体规划、详细规划两层次的基础上，试行建立了以法定图则（Statutory Plans）为核心的三阶段五层次规划体系，即：全市总体规划、次区域规划、分区规划、法定图则和详细蓝图五个层次。最终形成了以总体规划或分区规划为依据，进一步深化总体规划或分区规划的规划意图，为有效控制用地和实施规划管理而编制的详细规划。对近期建设或开发地区进行地块细划，确定各类用地性质、人口密度和建筑容量，确定规划区内部的市政公用和交通设施的建设条件以及内部道路与外部道路的联系，提出控制指标和规划管理的要求，为土地综合开发和规划管理提供必要的依据，同时用以指导修建性详细规划和建筑设计的编制。

2. 控制性详细规划法定图则的意义

① 在制度上推进城市规划的法制化

伴随着城市现代化的日益深入与发展，城市规划管理在实践中也面临着一系列矛盾点和社会发展问题：在城市经济和建设发展过程中，一些城市建设和规划管理已经完全失控，城市总体规划越来越难以实施；市政的建设管理无序混乱，"挖路不止"、占道经营活动难以遏制，街道混乱拥挤，机动车辆激增，城市交通严重阻滞。政府要解决好这些问题，仅凭行政手段显得很是乏力，需要通过建立一系列法制化的行政管理标准来进行规范监督和实施限制。而法定图则可加快健全城市管理法规，建立并逐渐完善我国城市管理法规体系。建立与完善法定图则制度是推进城市规划民主化和法制化建设的一项中心任务。通过法定图则完备的规划编制和审批法律程序，可加强规划的权威性和严肃性。

② 在技术上较为成功地将区划技术本土化

控制性详细规划法定图则是借鉴国外的成功经验并结合中国实际情况而实施的一项新的规划管理制度。法定图则是中国城市规划编制中一个重要的阶段，对控规的分区划定与用地编码进行规范，基本上形成片区—街区—地块的划分层次，提出了相应的划分原则，并在此基础上规范了城市地块的编码系统。有些城市提出了"规划单元"（名称不尽相同，但内涵相近）的概念，提出编制相应的控制单元规划作为承上启下的依据（如广州、上海、南京、济南、北京）。在《城市规划编制办法》的基础上，进一步详细明确编制内容与编制方式。提供主要控制指标的附值参考标准。有些城市在《城市用地分类与规划建设用地标准》GB 50137—2011 的基础上提出了适应自身控规的用地分类（如南京、济南、北京）。控规编制的地方统一技术规定或措施都结合了各城市自身的特点，深化了《城市规划编制办法》，并在地方控规编制中起到了积极的作用。

③ 促进土地资源的合理配置

控制性详细规划法定图则确定了城市土地具体地块性质，并将其划分至小类以下，确定每片、每块建设用地面积和可开发建设量。确定大、中、小类城市用地，特别小类以下建设用地或建设项目（如中小学、托幼等）的规划范围或规划的具体位置、界线。确定了土地使用强度——建筑占地、建筑面积（容积率）、建筑高度。土地使用强度控制，实际上就是对开发（建筑）容量的控制。它不仅与土地的投入产出和开发的收益率直接相关，而且与公众利益、与三个效益的统一息息相关，确定了公共设施与配套服务设施控制。城市公共设施是城市的行政办公、商贸、经济、教育、卫生、体育、市政以及科研设计等机构和设施的统称。城市配套服务设施是指为满足城市居民基本的物质与文化生活需要，与居住人口规模相对应配套建设的公建项目。在控制性详细规划编制中，必须对上述两项内容进行具体控制，以便在修建性详细规划中贯彻落实。对城市公共设施项目的具体控制，主要应根据城市总体规划、分区规划的要求，结合规划用地的具体条件，对每个项目进行定性、定量、定位的具体控制。对城市配套服务设施的公建项目，按《城市居住区规划设计标准》GB 50180—2018 中的相关规定进行项目控制，并落实在相应的建设地块上，再对其进行定性、定量、定位的具体控制以最大化利用土地资源。

3. 控制性详细规划法定图则的内容

（1）定义

法定图则是指在已经批准发布的包括全市总体规划、次区域规划及分区规划的指导作用下，对各片区内的土地利用性质、开发强度、公共配套设施、道路交通、市政设施及相关乡镇空间等方面作出详细的控制规定。重点内容是对分区规划所定的各项指标进行深化和落实，经过政府法定程序审查批准后成为法定技术文件。

（2）成果构成

按法定图则制定程序批准的法定文件，包括文本和图表两部分。在编制法定文件之前，应先编制技术文件，作为制定法定文件的基础技术支撑和解释性技术说明。

① 法定文件的构成

a. 规划文本：是指经法定程序审查批准的具有法律效力的规划控制条文。

b. 控制图表：是指经法定程序批准并由市城市规划委员会主任签署生效的具有法律效力的规划控制总图及其附表。

② 技术文件的构成

a. 规划研究报告：关于规划情况的技术性研究和说明（法定文件定稿前），以及关于法定图则制定的背景和过程的解释性文字（法定文件定稿之后）。

b. 规划图：说明规划情况和研究过程的各类专项规划图纸和分图图册。分图图册是为了便于规划管理操作而制定的按街坊划分的规划综合控制图。

（3）内容和深度

① 文本：必须用法定文件的文体阐述，包括总则、土地利用性质、土地开发强度、配套设施、道路交通、乡镇空间、其他特殊设施等内容。

② 图表：要求在最新实测地形图上表达用地性质、布局、地块编号及其控制指标，包括用地性质、用地规模、容积率、绿地率、配套设施等内容，并以插图方式表达本图则所在区域位置及其他控制内容。

③ 规划研究报告：内容和深度原则上应达到《城市规划编制办法实施细则》中"控制性详细规划"的要求，其主要内容包括：前言、现状概况分析、规划依据原则与目标、规划区性质与规模、用地规划、地块控制、公共设施规划、道路交通规划、乡镇空间要求及市政工程规划等方面。

④ 规划图：原则上按《城市规划编制办法实施细则》中"控制性详细规划"的要求，其主要图纸包括：区域位置图、现状土地权属图、土地利用现状图、土地利用规划图、乡镇空间导引图、公共设施规划图、道路交通规划图、市政工程规划图及分图图册等14项图纸。

（4）图则表达的内容

地块的区位；

各地块的用地界线、地块编号；

规划用地性质、用地兼容性及主要控制指标；

公共配套设施、绿化区位置及范围，文物保护单位、历史街区的位置及保护范围；

道路红线、建筑控制线，道路的交叉点控制坐标、标高、转弯半径、公交站场、停车场、禁止开口路段、人行过街地道和天桥等；

大型市政通道的地下及地上空间的控制要求，如高压线走廊、微波通道、地铁、飞行净空限制等；

其他对环境有特殊影响设施的卫生与安全防护距离和范围；

乡镇空间要点、注释（图4.4.1）。

① 用地控制和细化

主要包括地块编码、用地性质、用地面积等。用地面积一般包括征地面积和净用地面积。征地面积是指含代征用地的地块面积，代征用地主要包括代征道路和绿地等；净用地面积是指不含代征用地的地块面积。在分图图则中，原则上只画净用地范围红线（图4.4.2）。

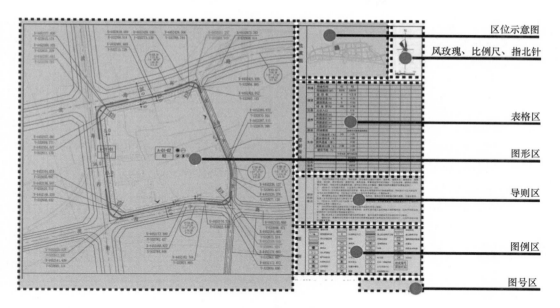

图 4.4.1　图则表达示例

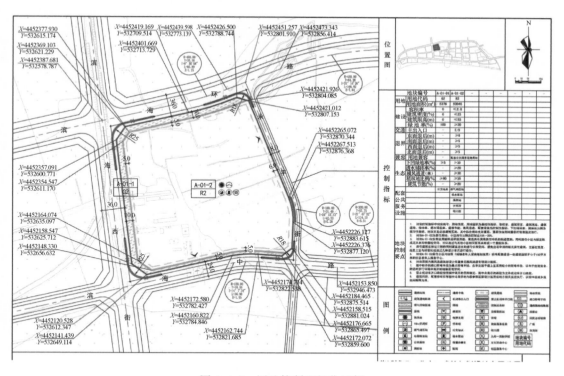

图 4.4.2　用地控制和细化示例

② 用地开发强度控制规划

主要包括用地使用容积率、建筑密度、绿地率等（也称为环境容量控制规划），相关指标均为规定性指标。

③ 建筑建设控制规划

主要包括建筑基地范围、日照间距、后退距离和建筑高度（限高）等。建筑基地范围是指后退用地红线、道路、绿线、蓝线的范围。建筑限高一般为规定性指标。

④ 设施配套控制规划

设施位置一般采用点位示意或具体地块控制，在分图图则的具体地块中予以明确。

⑤ 交通行为控制规划

主要包括地块附属静态交通设施（停车位）、地块机动车出入口选择、周边城市道路交叉口的各种交通行为控制等。停车泊位一般为规定性指标。

⑥ 乡镇空间控制规划

主要包括建筑风格、色彩、建筑群天际轮廓线等。乡镇空间控制一般采用指导性指标予以明确要求。建筑风格、色彩一般为指导性指标（图4.4.3）。

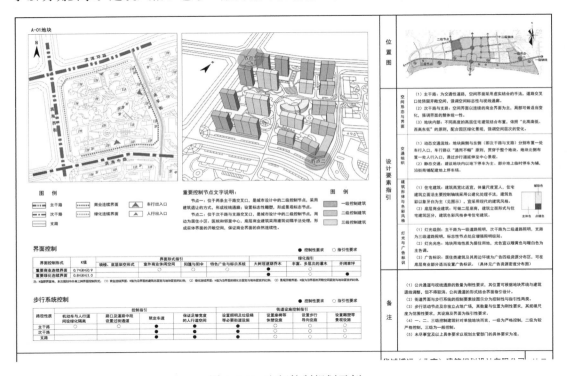

图4.4.3 空间控制规划示例

（5）用地编码图

以道路、河流、绿化带等为边界，划分出合理规模大小的地块，统一进行编号。目的在于对每个地块实施控制（图4.4.4）。

（6）关于地块大小的讨论

① 老城改造：地块开发强度大，对交通的需求量大，路网密度应该适当增加，地块尺度应该适当减小，路网（支路一级）90~150m为宜。地块1~3hm² 为宜。

② 新城建设：因为受限制条件少，地块形态较完整；一般开发商的开发能力，也可以作为一个依据。路网（城市支路）密度可控制在150~300m，地块大小以 3~10hm²

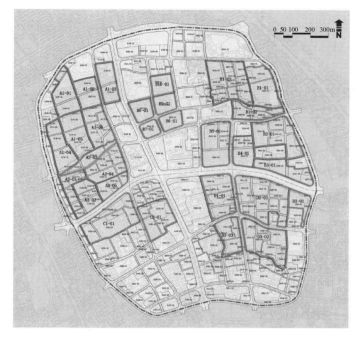

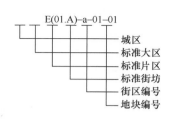

图 4.4.4 用地编码图

为宜。

③ 产业区：跟产业门类和产业区级别有很大关系，例如制造业与重型化工有很大区别，仓储与加工又有很大区别，跨度很大。应查阅有关资料，具体问题具体分析，再进行划分。

4. 控制性详细规划法定图则的编制程序

（1）大范围图则图纸编制程序及其内容

前提：土地利用规划图范围、方案确定无误后方可做图则。大范围图则由于地块及范围、规模比较繁杂，因此快捷易操作极为重要。下面是具体操作过程：

在做图则前可根据具体情况选择图框（有时候要两三个不同比例的图框），根据图框大小比例确定相应路名、河流名、标注等字体、字号大小以及相应线形、线宽等，以下是两个相应文件：

文件夹 01）图框线框、题名（确认是否正确）、地块位置图及母版（线形设置成0.05，并且定义成成块"地块位置"）、"图则"及其内容、"开发控制指标"及其控制项、备注乡镇空间等。

文件夹 02）图框补充内容街坊编号（须注意）、地块位置（注意检查位置是否正确）、图则页码（检查字体及数字是否正确），备注说明内容（乡镇空间导引内容等文字应用标准宋体，字体大小按1:1000图中字体为标准进行缩放）。

做总图则，分层情况及操作步骤如下：

层001建筑后退线（颜色线宽），根据相关规范及要求确定具体退多少，基本做法是偏移道路中心线比较快，有时候需要偏移其他线。

层 002 禁止机动车开口路段线（颜色线宽），根据道路交通的两个规定以及当前具体情况确定禁止路段长度如立交桥等需要延长等。按规划要求沿缘石线一般偏出道路红线3.5～4.5m。

层 003 用地红线（水域一般不在建设用地范围内，不画用地范围线，但有特殊需要的要画）（颜色线宽），一般是各地块划定出来的闭合的线。

层 004 河道尺寸标注

层 005 防护绿地尺寸标注（规则的标注，不规则且没要求的不标注）

层 006 建筑后退距离标注

层 007 路缘石转弯半径标注（地块内部道路的转弯半径等需标注）

层 008 建议机动车开口方位

层 009 道路尺寸标注（总图则中不用标注，各分图则中详细标注）（标注样式设定统一按1：1000模板，根据不同比例进行缩放）

层 YD—CODE 用地代码（湘源自动生成）

层 DM—坐标（湘源自动生成）（字高及其精度，每张图均需设定）完成后需要炸开（总图则中不用标注，各分图则中详细标注）（标注样式设定统一按1：1000模板，根据不同比例进行缩放）

各参照要素前后层次关系确定无误后可作为外部参照使用。

做总图则时，地块编号以及用地性质代码插入后，各地块用地性质、地块编号、容积率、建筑限高，以及用地面积直接修改指标，建筑面积自动生成，各地块指标控制一览表可以用湘源导出，核查无误后可以制作各地块指标控制表（序号、用地面积一定要核查，确保正确）。

① 外部参照设置

文件夹 04）图面内容外部参照

用地红线、建筑后退控制线、各项标注、禁止机动车开口路段（按相关规定确定）、机动车出入口方位（常规的按平时规定加特殊要求，视具体情况使其达到均衡、美观，符合要求）、应配套的公共设施（根据公共服务设施表加入）等各项标注，要素等分层要清楚，便于做图则时取舍需要独立插入的要素（视情况加减要表达的内容部分）。

图面各项内容应该在总图则所有要表达要素都显示的情况下，防止表达要素在显示上覆盖。地块代码要与各地块编号在一起（调整到一起时最好只移动地块编号）。

文件夹 03）基本外部参照

地形（打印时切记线宽0.05，淡显60）、道路中心线（线形及其比例设置好）、道路红线（包括通道）、河道蓝线（设定线宽）、轻轨轨道线及其控制线、城市绿线等设置好线宽。

② 补充

各地块备注可以分别写好（字体、字高）。

以上部分 01）、02）可以事先或者在其他程序进行时完成，不占用成果编制总的工作时间。注意在做图框及其图框补充内容前按制定的标准与 03）基本外部参照、04）图面内容外部参照对应统一，避免不必要的反复或者修改。

最后相应文字及相关参数设定根据文件夹 03）设定要求及其他设定操作即可完成大范围图则的批量生产。裁减上面提及的道路尺寸标注，只留下要表示地块的尺寸即可。

（2）小范围图则图纸编制程序及其内容

小范围图则制作与大范围图则制作原理及内容一样，但由于地块少、图纸少，因此不必做外部参照，可更快地做出，因此小范围图则制作也有一定的技巧。

① 规划范围及方案确定后，选择相应的图框（从做好的图框模板中提取）

② 地块编号

③ 套图则图框

④ 作图则基本控制线及标注：

层 001 建筑后退线（颜色、线宽）

层 002 禁止机动车开口路段线（颜色、线宽）

层 003 用地红线（水域一般不在建设用地范围内，不画用地范围线，但有特殊需要的画上）（颜色、线宽）

层 004 河道尺寸标注

层 005 防护绿地尺寸标注（规则的标注，不规则的没要求不标）

层 006 建筑后退距离标注

层 007 路缘石转弯半径标注（地块内部道路的转弯半径等需标注）

层 008 建议机动车开口方位

层 009 道路尺寸标注（标注样式设定，统一按 1∶1000 模板为标准，根据不同比例进行缩放）

层 YD—CODE 用地代码（湘源自动生成）

层 DM—坐标（湘源自动生成）（字高及精度，每张图则均需设定）完成后需要炸开（标注样式设定，统一按 1∶1000 模板，根据不同比例进行缩放）

⑤ 地块编号以及用地性质代码插入后，各地块用地性质、地块编号、容积率、建筑限高，以及用地面积直接修改指标，建筑面积自动生成，各地块指标控制一览表可以用湘源导出，核查无误后可以制作各地块指标控制表（序号，以及用地面积一定要核查，确保正确）。

⑥ 各地块备注可以分别写好（字体、字高）

小范围的备注可直接在 CAD 中写，也可先用文档形式写出，核查无误后写进。

图则要素具体参数设置：主要对分层等进行详细分析归类，具体以团队习惯和标准为主。团队更应该重视合作，具体标准可以商讨制定，也可以由个人决定（前提是合理且有说服力）。对图则的形式性的内容要求如下（以下均以 1∶1000 的图则框为标准进行设定）：

1∶1000 图则项目名字高 6mm，其后分图图则四字字高为 4mm。

文字（街坊编号、比例尺、地块开发控制指标、位置示意图、备注、乡镇空间导引、图例）字高为 3.5mm。

地块开发控制指标中各项文字（地块编号、用地代码、用地面积、容积率、建筑密度、建筑限高、绿地率、公共机动车车位、应配公共设施）字高都为 2.5mm，且表格内数据字高也为 2.5mm，文字（图则编号）字高 4mm。

备注和乡镇空间导引内容字高为 2mm。

若加设计单位，字高也为 4mm。

图例中的图例框为 3.5mm×8mm，图例线宽为默认，图例文字字高都为 2mm。

图框内框线宽为 0.6mm，其他外框线线宽均为默认。所有字体均为黑体。

图面布局可以灵活，但必须包括所有要表达的内容，而且布局合理、美观，便于操作。

对于字高，不同比例的图则框可以相应进行等比例缩放。

制作图则遵循如下步骤：

① 做好图版，严格按照既定图层划分法划分图层。

② 做好图底，也即土地利用规划图去掉色块、图框以及一些说明性文字等内容，主要是一些控制线之类。控制线按照图则里的图层进行设置，与图则的图层保持统一。

③ 按照图则的内容要求分项进行刷层、标注和填写，在填写指标和应配公共服务设施时务必要对照地块控制指标表（表 4.4.1、表 4.4.2）。

表字高（纸上尺寸） 表 4.4.1

序号	内容	字高/mm	字体	备注
1	坐标、标高、半径、宽度、坡度、规划参数、表格、图签、说明、注记等	2～3.5	宋体/黑体	注记用楷体五号
2	单位名、地名、路名、水系名、名胜地名、主要公共设备名称等	3.5～5.0 2.0～4.0	宋体/黑体	
3	用地性质代码、地块编码、图例等	7.0	黑体	
4	图题、比率、图表、需要突出的名称、规划期限、编制日期等	10～45	黑体	

图线宽度（纸上尺寸） 表 4.4.2

序号	内容	线宽/mm	备注
1	地形协助线	0.15	地形打印为 8 号色线宽，淡显 60
2	道路中线、道路边线、道路绿线以及其余一般线	0.35	可依据详细状况调整
3	道路侧实线	0.6	可依据详细状况调整
4	给水管线、排水管线、电力线、电信线、燃气管线、热力等线、单位界限、行政界线、地铁轻轨线等	0.8	可依据详细状况调整
5	用地红线、规划界限	1.2	可依据详细状况调整

（3）法定图则制作教程

本教程是基于湘源控规 7.0、AutoCAD2014 软件制作。

① 道路的生成

画出需要转换的道路中线（图 4.4.5）。

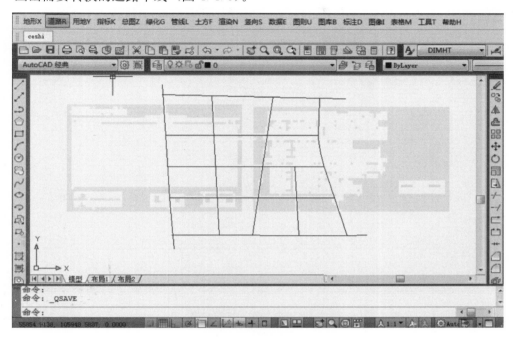

图 4.4.5　道路生成操作步骤一

道路-单线转路。将道路中线转换成道路。道路的板块、断面形式、道路类型都可以根据需要进行选择，道路断面的组成形式可在选项栏里修改（图 4.4.6、图 4.4.7）。

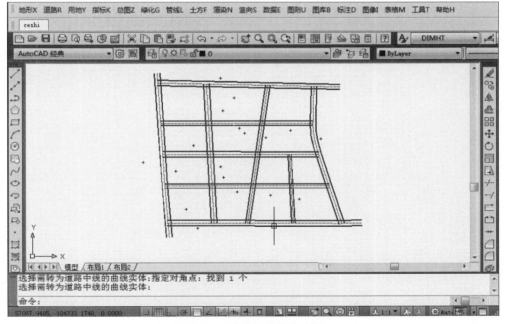

图 4.4.6　道路生成操作步骤二

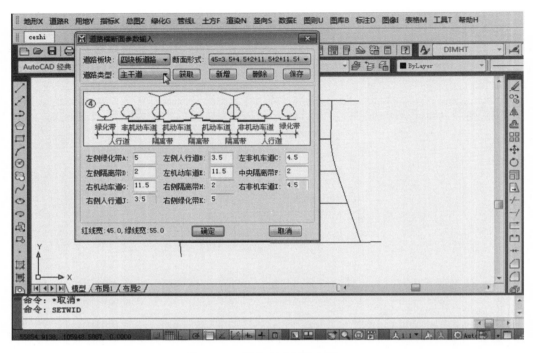

图 4.4.7　道路生成操作步骤三

工具-绘图参数-弯道设置。设置转弯半径，交叉口按圆角或者方角处理，设置交叉口角度是否影响转弯半径（图 4.4.8、图 4.4.9）。

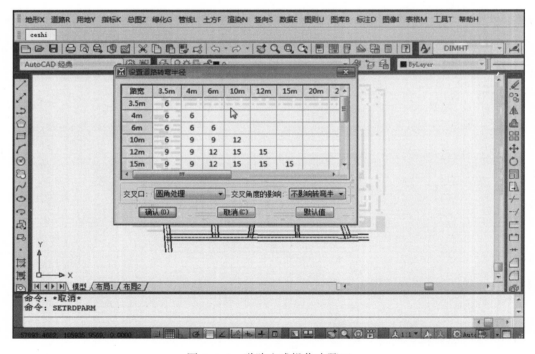

图 4.4.8　道路生成操作步骤四

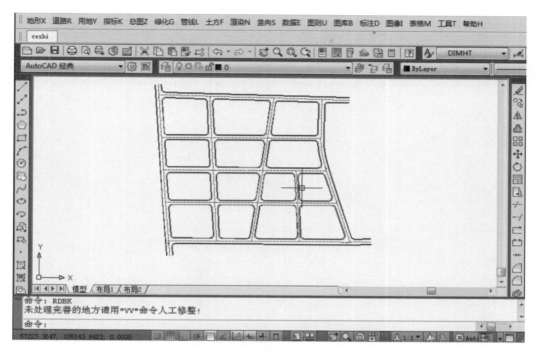

图 4.4.9 道路生成操作步骤五

道路-断面符号，选择（1）自动标注（图 4.4.10）。

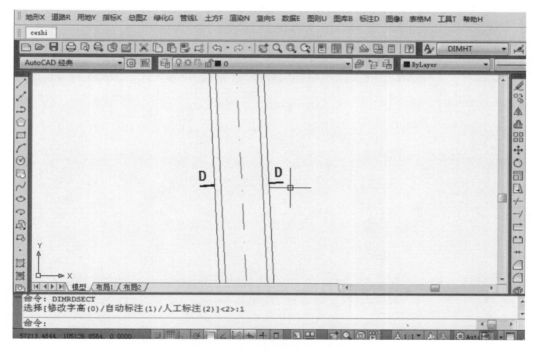

图 4.4.10 道路生成操作步骤六

道路-横断面图，点击需要插入的位置即可插入横断面图（图 4.4.11）。

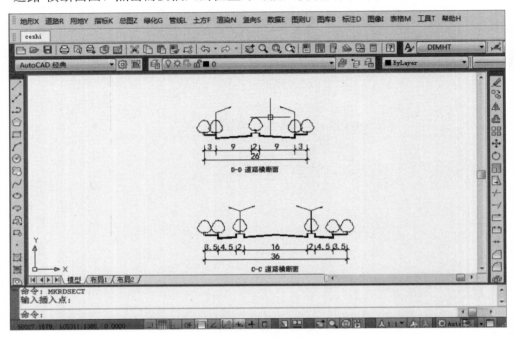

图 4.4.11　道路生成操作步骤七

② 道路标注

道路-标注-所有坐标（图 4.4.12）。

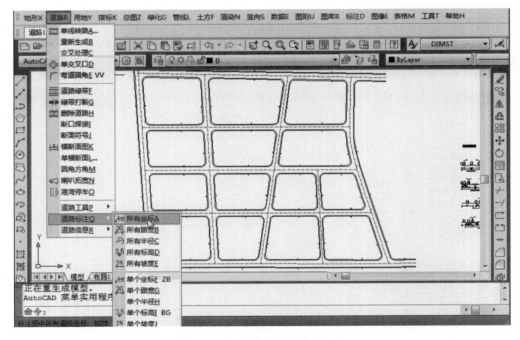

图 4.4.12　道路生成操作步骤八

标注所有交叉口的坐标值，通过输入数字确定保留小数点后几位（图 4.4.13）。

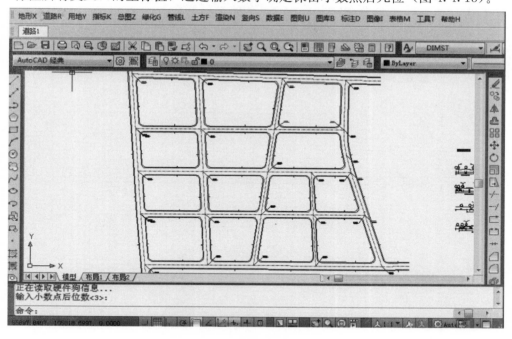

图 4.4.13　道路生成操作步骤九

　　道路-道路标注-所有路宽。通过输入数字（0）选择标总宽度、（1）标注车道宽、（2）详细标注、（3）精度设置。这里选择的是标注车道宽（图 4.4.14、图 4.4.15）。

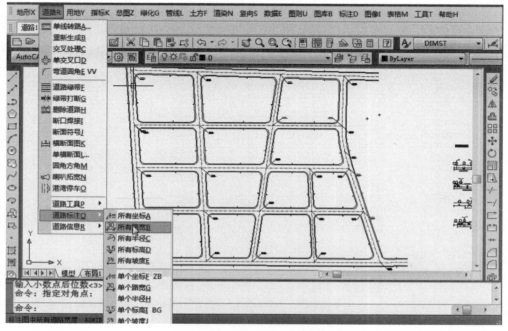

图 4.4.14　道路生成操作步骤十

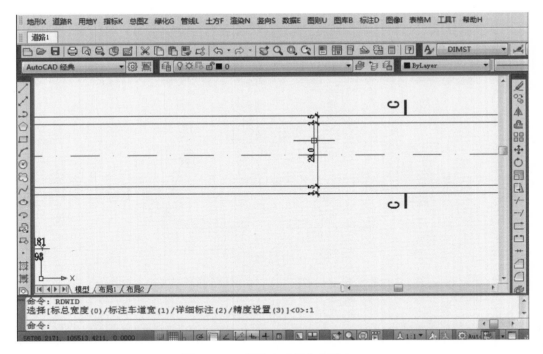

图 4.4.15　道路生成操作步骤十一

道路-道路标注-所有半径（图 4.4.16、图 4.4.17）。

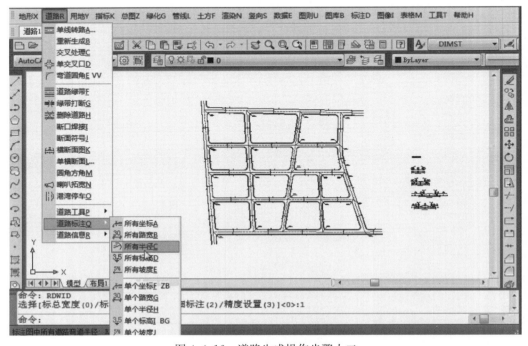

图 4.4.16　道路生成操作步骤十二

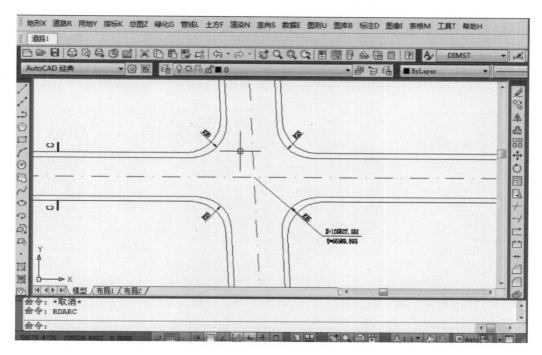

图 4.4.17　道路生成操作步骤十三

道路-道路标注-所有标高。通过输入数字（0）现状标高、（1）设计标高、（2）输入标高小数点后位数（图 4.4.18、图 4.4.19）。

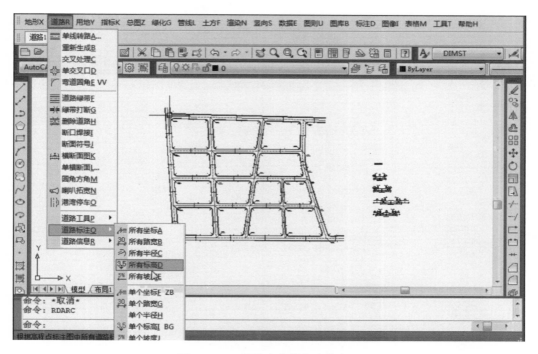

图 4.4.18　道路生成操作步骤十四

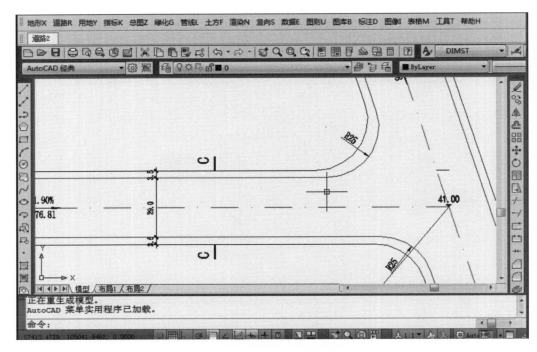

图 4.4.19　道路生成操作步骤十五

道路-道路标注-所有坡度。通过输入数字确定标注样式：（0）单行无前缀、（1）双行无前缀、（2）单行加前缀、（3）双行加前缀。这里选择的是双行加前缀（图 4.4.20、图 4.4.21）。

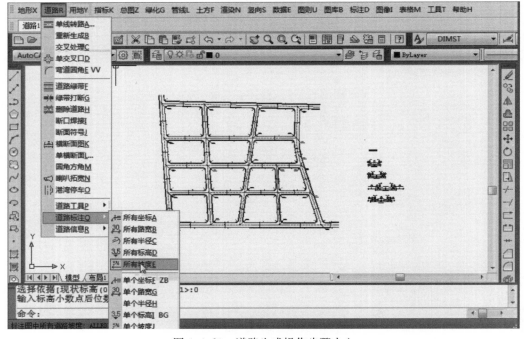

图 4.4.20　道路生成操作步骤十六

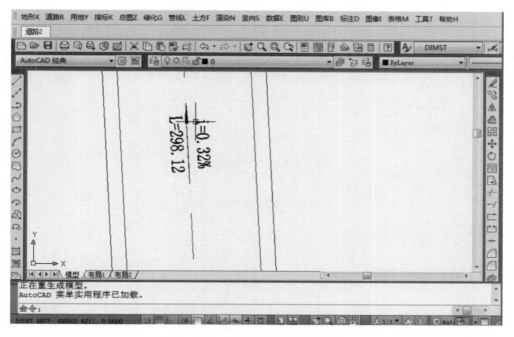

图 4.4.21　道路生成操作步骤十七

③ 道路标注的尺寸修改

所有坐标的尺寸修改。方法一：工具-选择集-构选择集。点击需要选择的对象之一，输入数字选择构造实体集的类型，（0）同层、（1）同类、（2）同层及同类、（3）同色、（4）同层同色（图 4.4.22、图 4.4.23）。

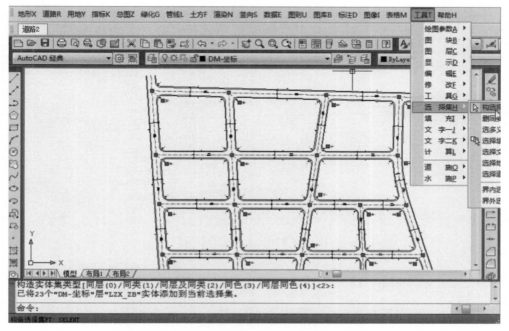

图 4.4.22　道路生成操作步骤十八

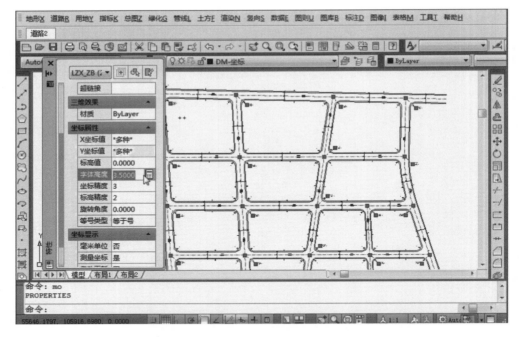

图 4.4.23　道路生成操作步骤十九

　　快捷键 mo 打开属性栏，更改字体高度即可更改所有坐标的高度。

　　方法二：标注-修改坐标。通过输入数字更改坐标的各项参数大小：（0）字高、（1）字型、（2）单位、（3）精度、（4）建筑坐标、（5）符号、（6）刷新、（7）十字、（8）引线长度。选择字高后输入新的字高，回车键确定，再次回车全选（图 4.4.24、图 4.4.25）。

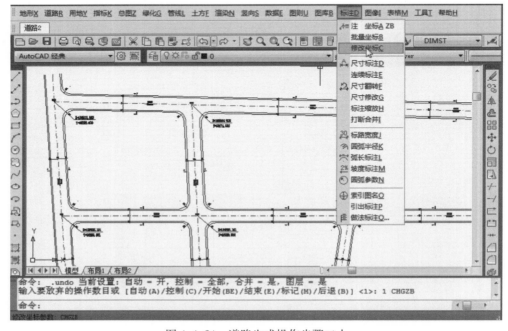

图 4.4.24　道路生成操作步骤二十

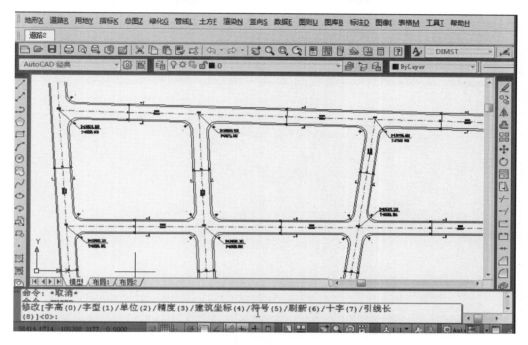

图 4.4.25　道路生成操作步骤二十一

道路宽度及转弯半径的缩放：标注-标注缩放（图 4.4.26）。

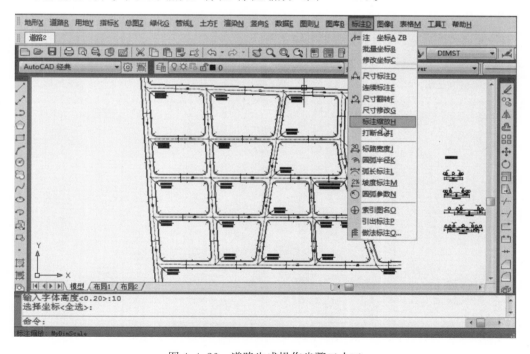

图 4.4.26　道路生成操作步骤二十二

　　输入缩放比例或者输入字母（H）修改字高、（T）统一样式。假设字高放大 2 倍，输入"2"，回车一次确定，再次回车全选（图 4.4.27）。

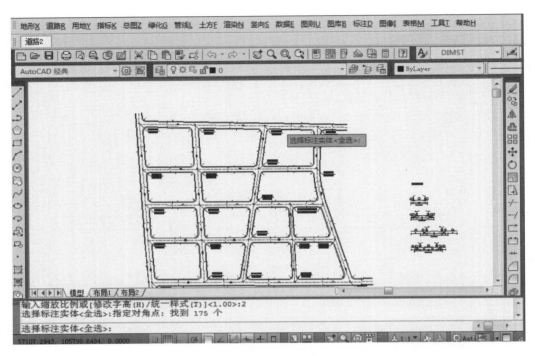

图 4.4.27　道路生成操作步骤二十三

　　标高块的缩放。竖向-块缩放，输入缩放比例或者输入字母（H）修改字高。利用鼠标框选所有要修改的标高块，回车键确定（图 4.4.28）。

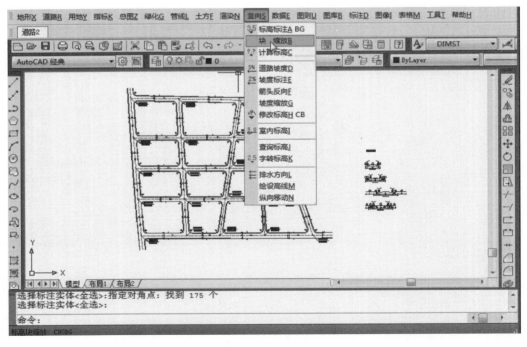

图 4.4.28　道路生成操作步骤二十四

坡度标注的缩放：道路-道路标注-坡度修改（图4.4.29）。

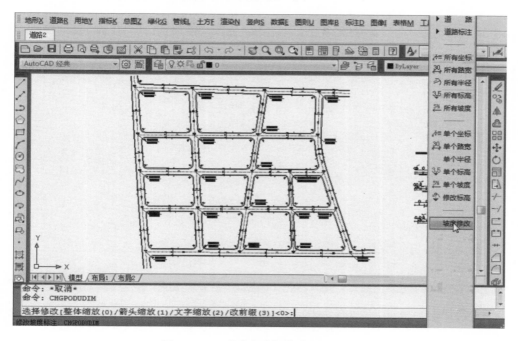

图4.4.29 道路生成操作步骤二十五

输入数字（0）整体缩放、（1）箭头缩放、（2）文字缩放、（3）改前缀，选择要修改的内容。输入（0），假设缩放2倍，输入"2"回车一次确定，鼠标框选需要修改的坡度标注，回车确定（图4.4.30、图4.4.31）。

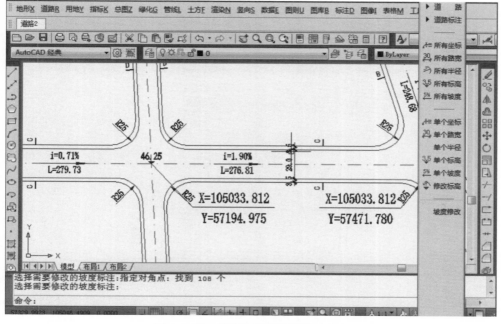

图4.4.30 道路生成操作步骤二十六

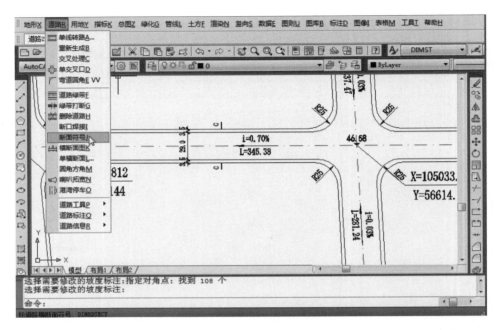

图 4.4.31　道路生成操作步骤二十七

　　断面符号的缩放。道路-断面符号。输入数字（0）修改字高、（1）自动标注、（2）人工标注。假设字高更改为 7，输入"0"后回车，输入"7"，回车确定，再次回车全选。

　　④ 土地利用规划图的制作

　　选择符合需要的用地分类。工具-绘图参数-参数设置，可选择图纸比例、字体高度、绘图单位、代码标准（图 4.4.32）。

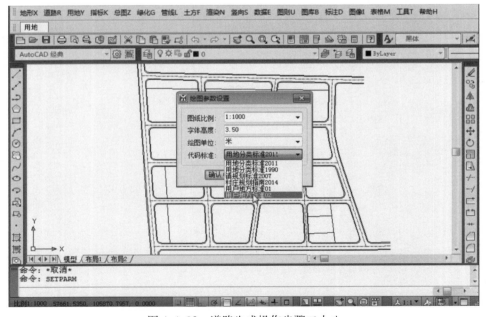

图 4.4.32　道路生成操作步骤二十八

　　地块的颜色填充。方法一：用地-绘制地块，选择要填充的用地代码，例如 R11 住宅用地，采用点选的方式选择要填充的地块，选取后回车确定（图 4.4.33、图 4.4.34）。

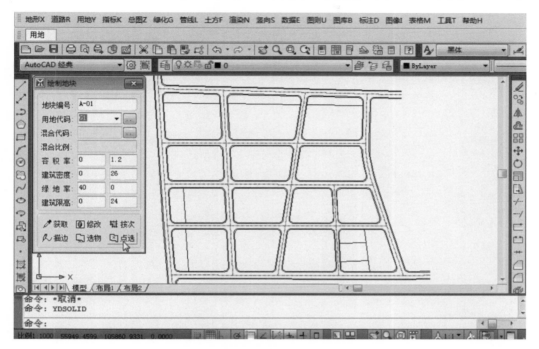

图 4.4.33　地块颜色填充操作步骤一

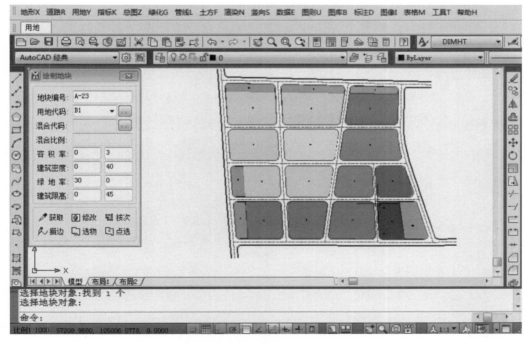

图 4.4.34　地块颜色填充操作步骤二

如果需要修改用地，例如将 R11 住宅用地修改成 B1 商业用地，点击左侧选项栏获取，获取要修改成的用地，再点击修改，选取要修改的用地即可修改用地颜色（图 4.4.35、图 4.4.36）。

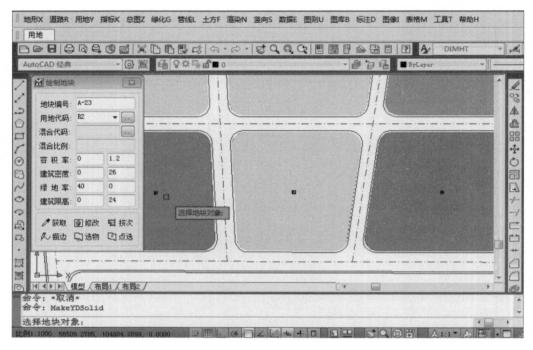

图 4.4.35　地块颜色填充操作步骤三

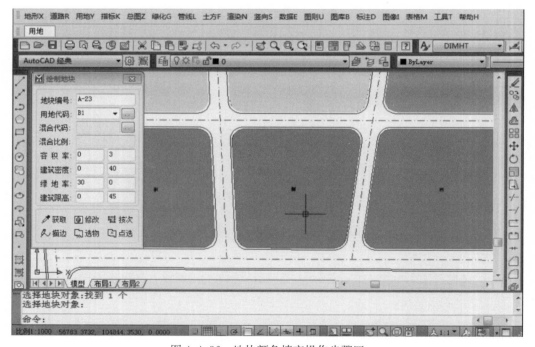

图 4.4.36　地块颜色填充操作步骤四

方法二：用地-绘制地块-描边。描边是按照鼠标的点击顺序形成闭合区域，填充闭合区域（图 4.4.37）。

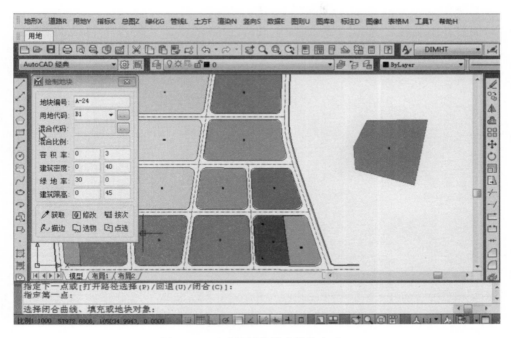

图 4.4.37　地块颜色填充操作方法二

方法三：用地-绘制地块-描边-选物。这一方法适用于已经是闭合的多段线，点击闭合的多段线可直接填充（图 4.4.38、图 4.4.39）。

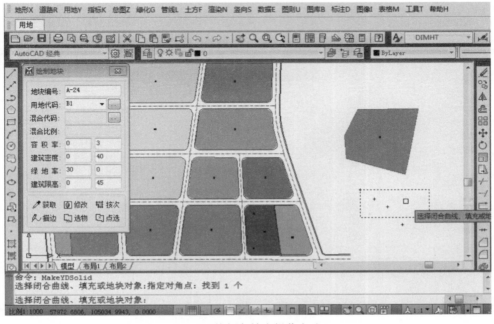

图 4.4.38　地块颜色填充操作方法三（1）

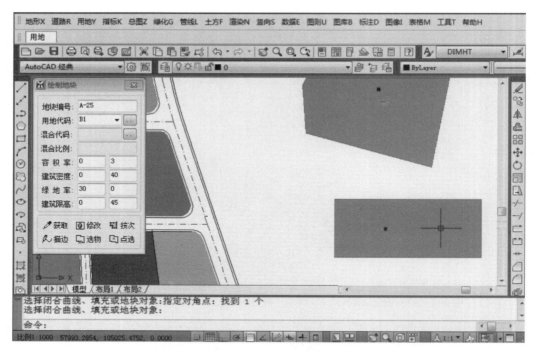

图 4.4.39　地块颜色填充操作方法三（2）

　　方法四：用地-绘制地块-按次。按次是通过逆时针（顺时针）选取地块边界线来填充地块颜色（图 4.4.40、图 4.4.41）。

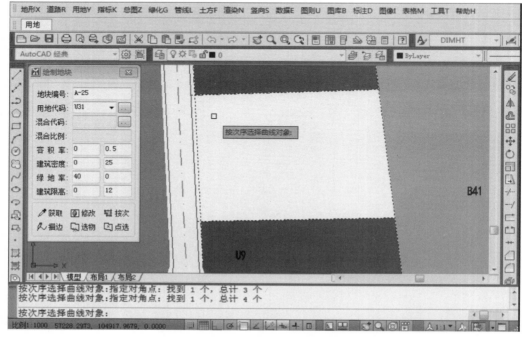

图 4.4.40　地块颜色填充操作方法四（1）

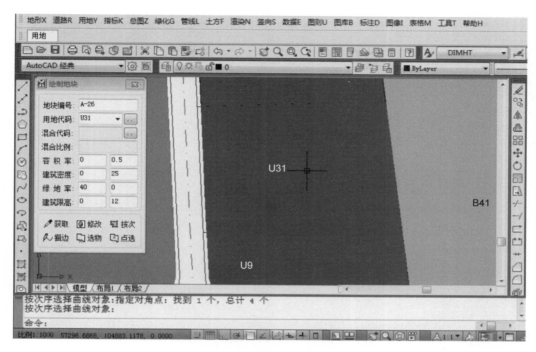

图 4.4.41　地块颜色填充操作方法四（2）

用地平衡表的制作。用地-总面积线，可在左侧选项栏只显示道路中线，使用按次、点选、描边等工具选定要计算总面积的用地（图 4.4.42、图 4.4.43）。

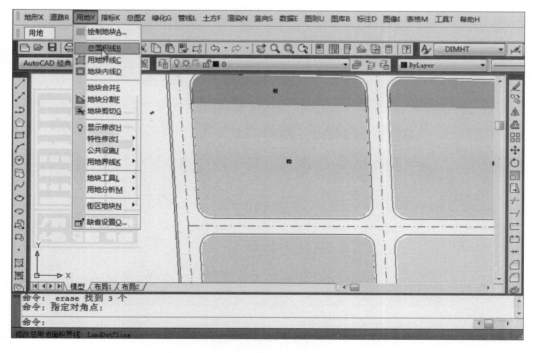

图 4.4.42　地块颜色填充操作方法四（3）

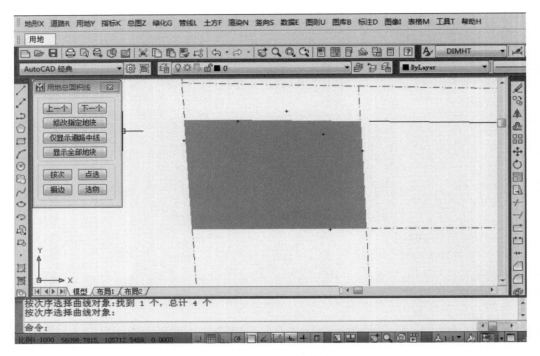

图 4.4.43　地块颜色填充操作方法四（4）

指标-基础表格-平衡表，通过输入数字（0）绘制用地总表、（1）绘制用地平衡表、（2）文件输出等选择表格内容（图 4.4.44）。

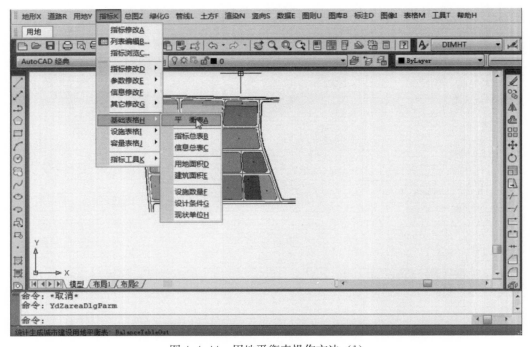

图 4.4.44　用地平衡表操作方法（1）

　　这里选择（1）绘制用地平衡表，然后框选需要出表的用地，回车确定输出以及点击插入表格的位置（图 4.4.45）。

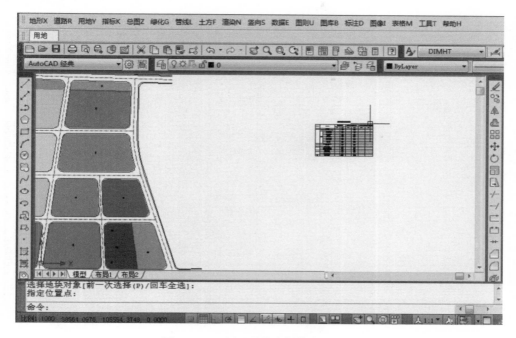

图 4.4.45　用地平衡表操作方法（2）

　　配套公建。用地-公共设施-配套设施，选择添加的公建类型，点击需要添加公建的地块，输入公建名称、等级和用地面积（图 4.4.46～图 4.4.48）。

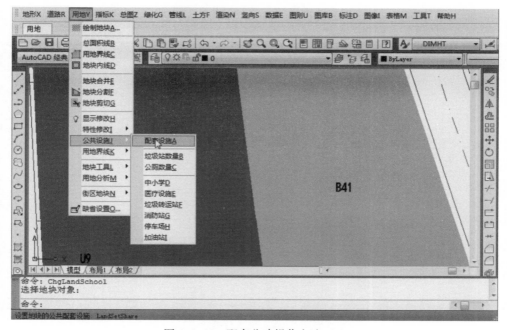

图 4.4.46　配套公建操作方法（1）

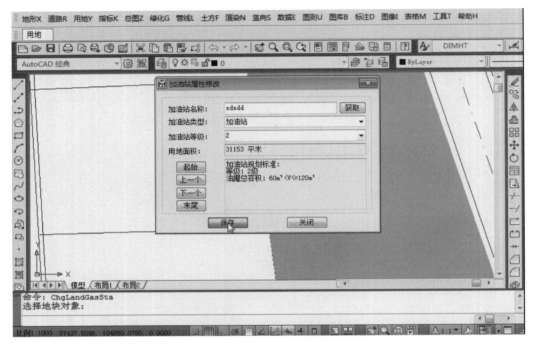

图 4.4.47 配套公建操作方法（2）

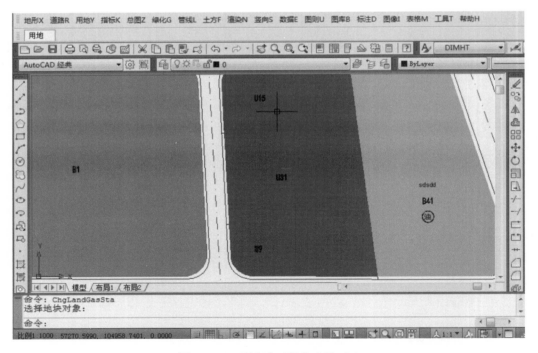

图 4.4.48 配套公建操作方法（3）

指标块的修改（默认用地的指标的修改）：用地-显示修改（图 4.4.49）。

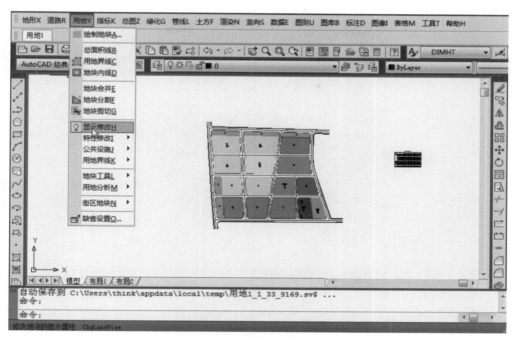

图 4.4.49　指标块的修改操作方法（1）

框选需要修改的用地，确定后出现指标块显示属性的对话框，可在此更改指标块的属性（图 4.4.50、图 4.4.51）。

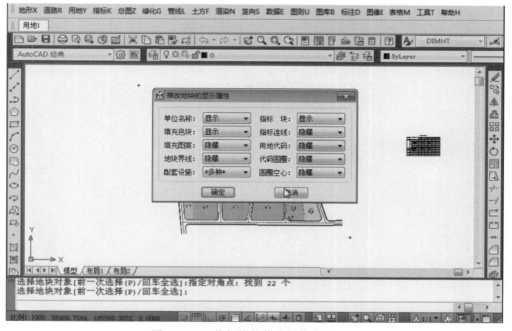

图 4.4.50　指标块的修改操作方法（2）

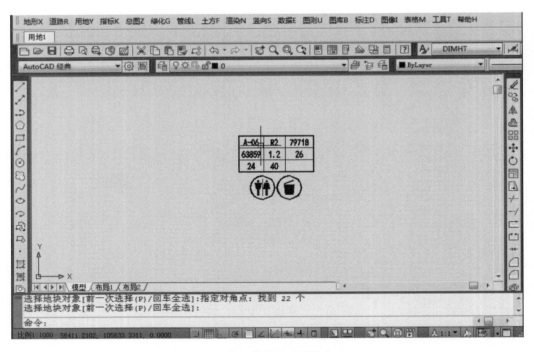

图 4.4.51　指标块的修改操作方法（3）

用地指标参数的修改：绘图参数-用地代码-所需更改的用地-右键选择修改参数（图 4.4.52、图 4.4.53）。

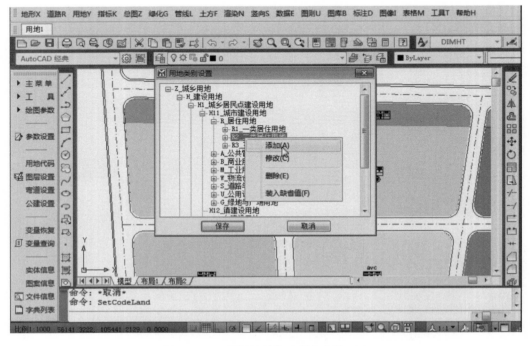

图 4.4.52　指标块的修改操作方法（4）

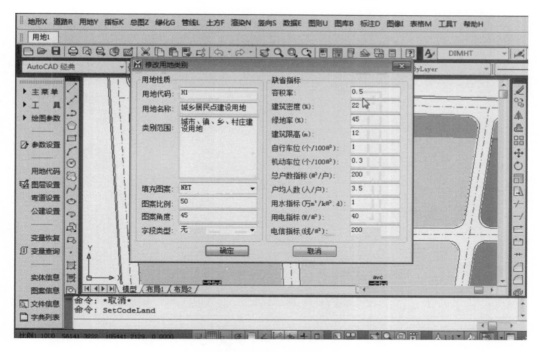

图 4.4.53　指标块的修改操作方法（5）

指标块的修改（单个用地指标的修改）。方法一：指标-指标修改（图 4.4.54）。

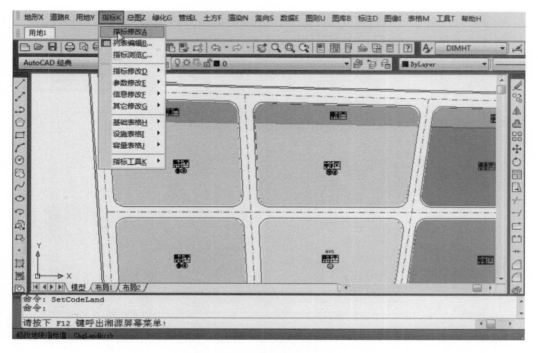

图 4.4.54　指标块的修改操作方法一（1）

选择需要修改的用地后，弹出地块指标修改菜单，根据需要修改指标（图 4.4.55）。

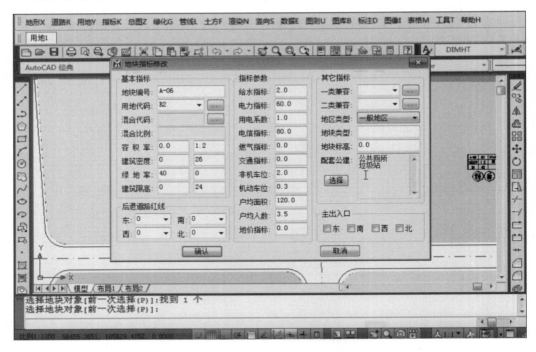

图 4.4.55 指标块的修改操作方法一（2）

方法二：指标-列表编辑（图 4.4.56）。

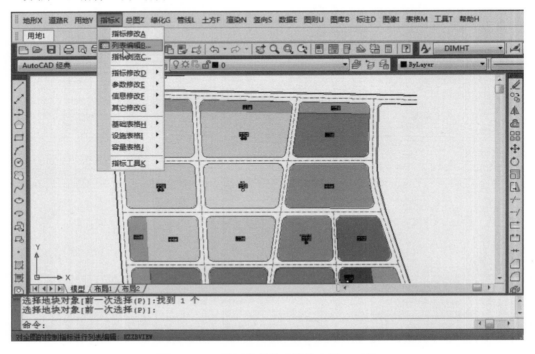

图 4.4.56 指标块的修改操作方法二（1）

选择需要更新的项目，输入新的指标后点击更新即可修改单独地块的指标(图4.4.57)。

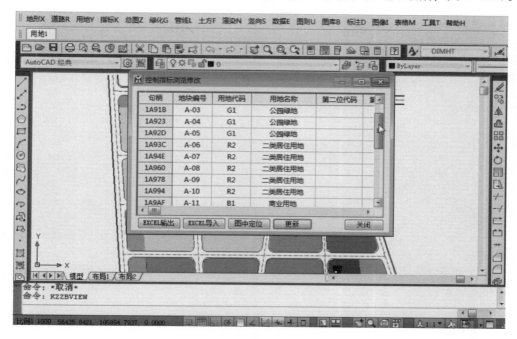

图4.4.57　指标块的修改操作方法二（2）

控制指标块形式的修改及缩放。指标-指标工具-改块形式，弹出对话框即可选择其他类型的指标块，选择后确认，框选需要修改的指标块，回车确认完成修改（图4.4.58、图4.4.59）。

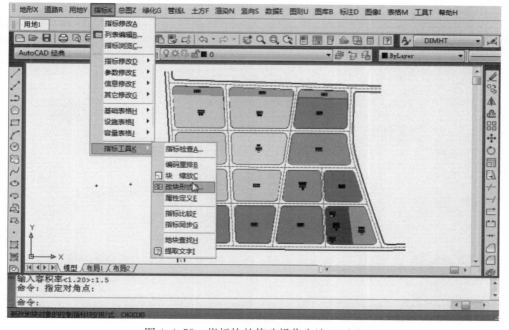

图4.4.58　指标块的修改操作方法二（3）

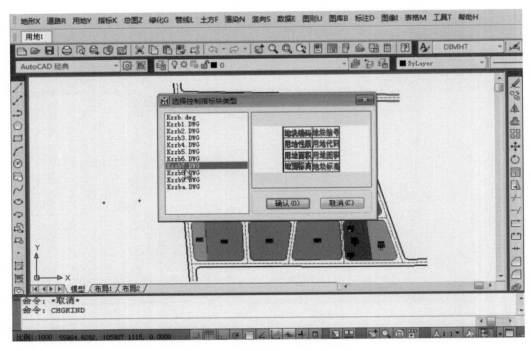

图 4.4.59　指标块的修改操作方法二（4）

　　指标-指标工具-块缩放，框选需要修改的指标块，输入缩放比例即可完成块缩放（图 4.4.60）。

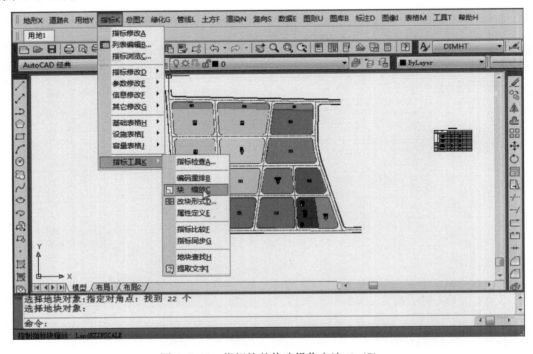

图 4.4.60　指标块的修改操作方法二（5）

　　地块编码的重排。指标-指标工具-编码重排，输入数字（0）按次序逐个选择地块、（1）框选地块自动排、（2）编码自动更新，选择地块编码的编码方式（图 4.4.61）。

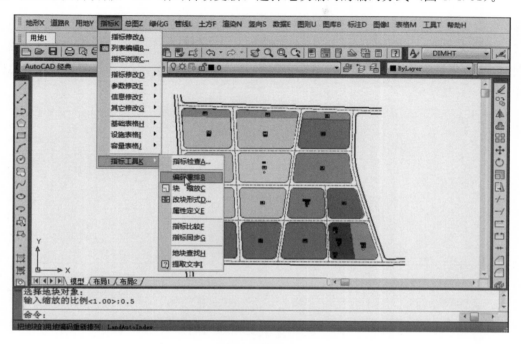

图 4.4.61　指标块的修改操作方法二（6）

比如选择（0）按次序逐个选择地块，按顺序依次选择（图 4.4.62）。

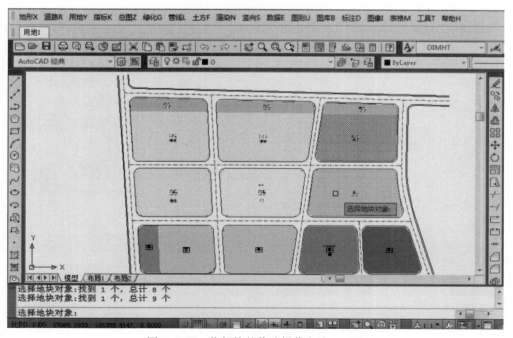

图 4.4.62　指标块的修改操作方法二（7）

确认后输入新的编码形式如"B-01",确认后地块编号会按照选择次序依次编写完成(图 4.4.63)。

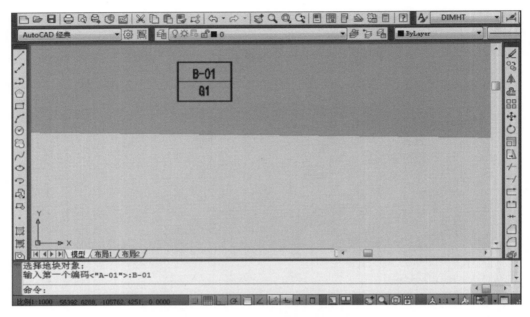

图 4.4.63 指标块的修改操作方法二(8)

如果输入(1)框选地块自动排,则框选需要更改的地块并确认后,输入(0)从左到右排列、(1)从上到下排列(图 4.4.64)。

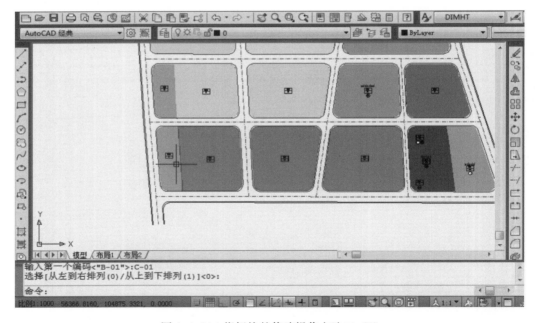

图 4.4.64 指标块的修改操作方法二(9)

指标总表的绘制。指标-基础表格-指标总表，输入数字（0）图中绘制、（1）文件输出、(2)表头设置，确定指标总表的形式（图 4.4.65）。

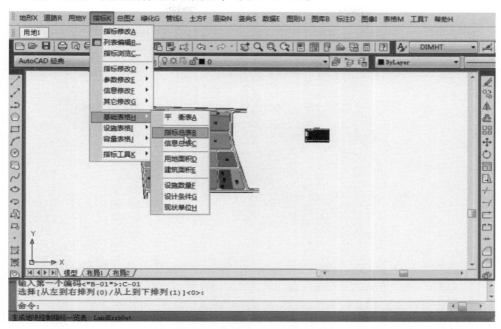

图 4.4.65　指标总表绘制操作方法（1）

输入（0）图中绘制，框选整个用地，确认后点击插入表格的位置即可完成指标总表的绘制（图 4.4.66）。

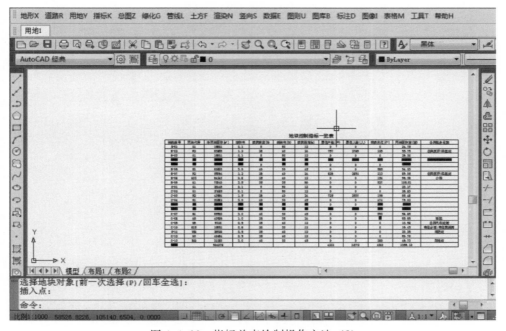

图 4.4.66　指标总表绘制操作方法（2）

⑤ 总图图则的制作

插入图则页面：图则-总图图则-插入页面（图 4.4.67）。

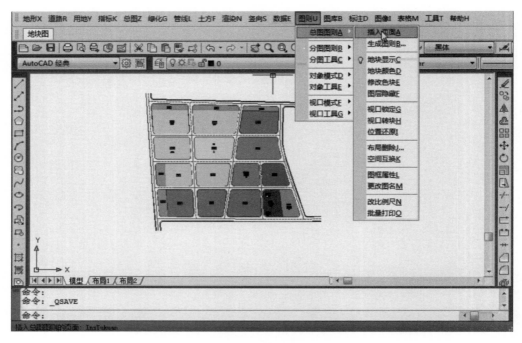

图 4.4.67　总图图则的制作方法（1）

框选总图图则的范围（图 4.4.68）。

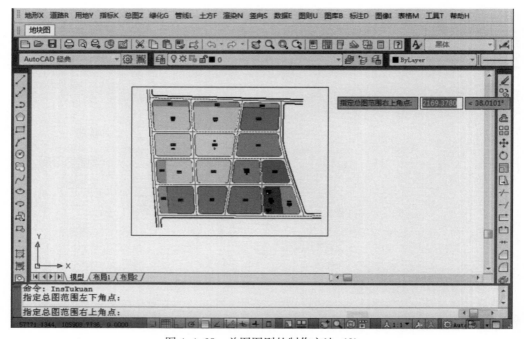

图 4.4.68　总图图则的制作方法（2）

框选完毕，生成总图图则，图则中的各项名称均可双击进入编辑（图 4.4.69）。

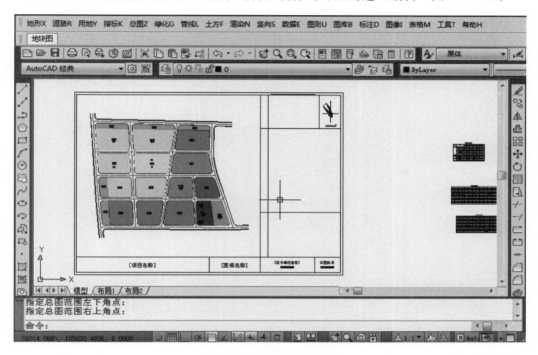

图 4.4.69 总图图则的制作方法（3）

图则-生成图则（图 4.4.70）。

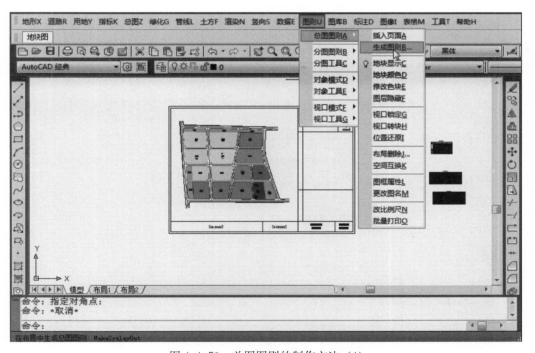

图 4.4.70 总图图则的制作方法（4）

勾选需要生成的其他总图图则如道路、用地、指标、强度、绿地率等（图4.4.71）。

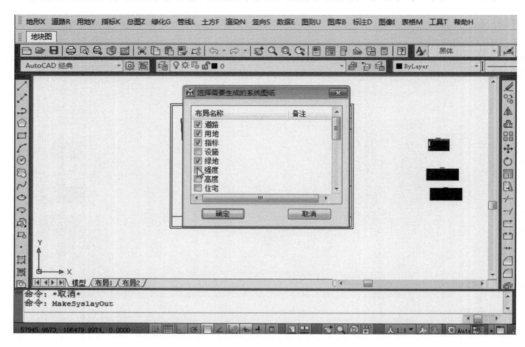

图4.4.71　总图图则的制作方法（5）

框选刚才生成的图则页面，确认后在下方模型空间栏中生成刚才勾选的总图图则（图4.4.72）。

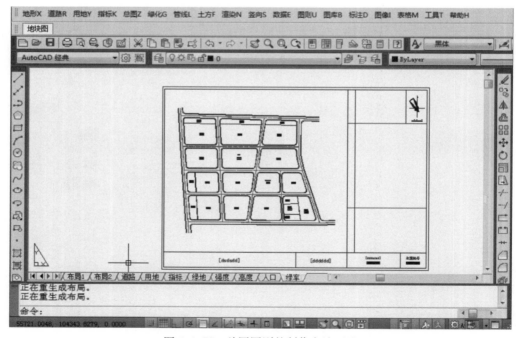

图4.4.72　总图图则的制作方法（6）

　　切换到用地模型空间，用地-显示修改，框选用地图窗，即可更改用地的显示属性（图 4.4.73）。

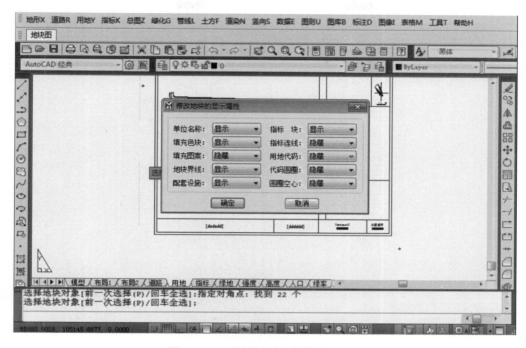

图 4.4.73 总图图则的制作方法（7）

　　切换到绿地率的模型空间，图则-总图图则-地块颜色（图 4.4.74）。

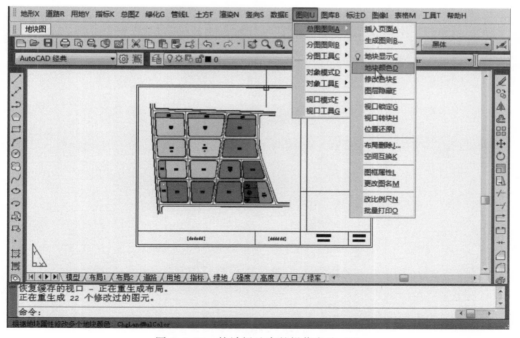

图 4.4.74 统计绿地率的操作方法（1）

保留绿地颜色，其他变为白色（图4.4.75）。

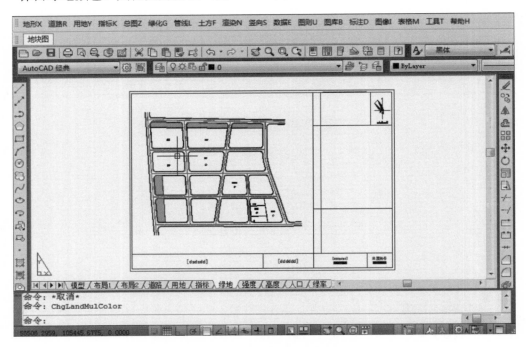

图4.4.75 统计绿地率的操作方法（2）

切换到强度模型空间，图则-总图图则-地块颜色，右键指标颜色栏，选择色系即可使用渐变效果体现开发强度的高低（图4.4.76）。

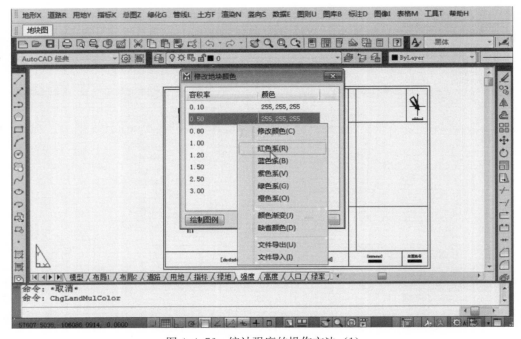

图4.4.76 统计强度的操作方法（1）

点击绘制图例，将图例插入图例区里，图例可使用缩放（sc）更改大小(图 4.4.77)。

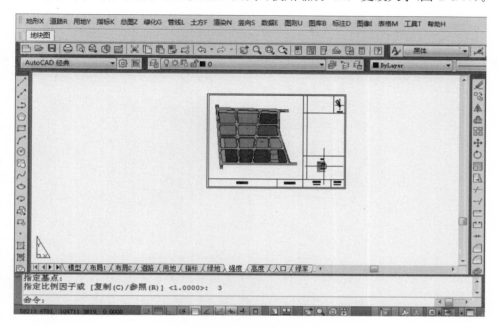

图 4.4.77　统计强度的操作方法（2）

其他的强度、绿地、指标、高度等总图图则均可采用相同的方法生成。备注：在模型区的改动会同步到其他的布局视图里，在布局里的改动不会影响其他视图。

⑥ 分图图则的生成

插入分图图则页面：图则-分图图则-插入页面（图 4.4.78）。

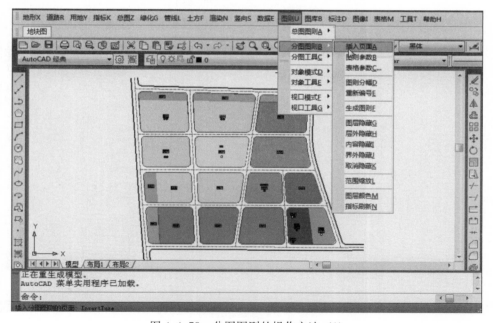

图 4.4.78　分图图则的操作方法（1）

分图图则中的各项名称均可双击进入编辑（图 4.4.79）。

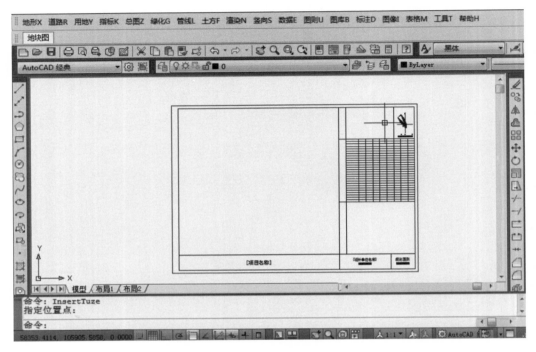

图 4.4.79 分图图则的操作方法（2）

图则-分图图则-图则参数（图 4.4.80）。

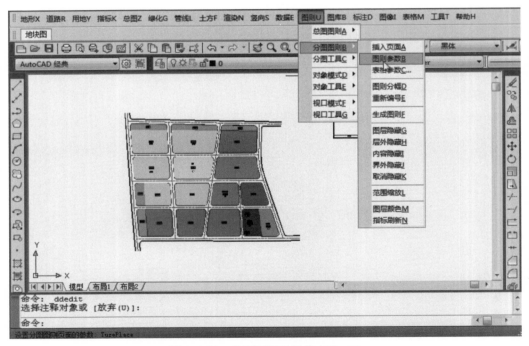

图 4.4.80 分图图则的操作方法（3）

框选需要制作分图图则的用地（为了制作位置图）（图 4.4.81）。

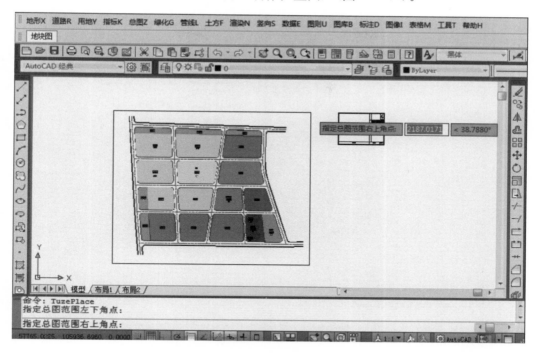

图 4.4.81　分图图则的操作方法（4）

再次框选分图图则页面，确认后生成带有位置图的分图图则页面（图 4.4.82）。

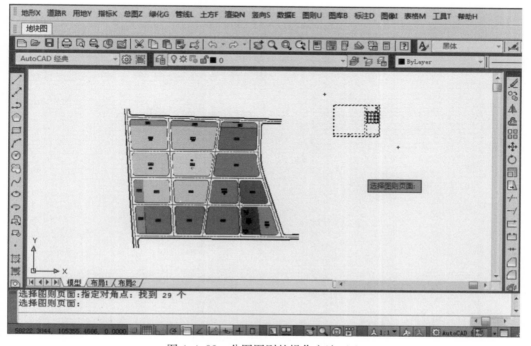

图 4.4.82　分图图则的操作方法（5）

更改图则参数：图则-分图图则-表格参数（图4.4.83）。

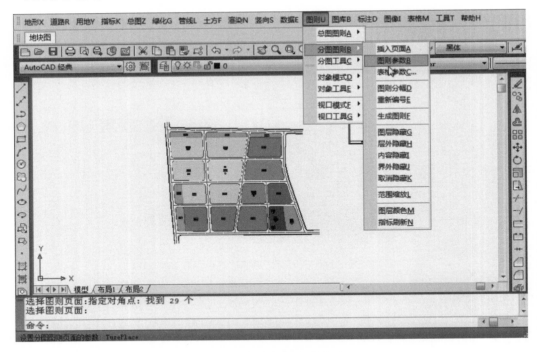

图4.4.83　分图图则的操作方法（6）

分图图则的指标表表头可在图则表格设置里修改，右键选择后可修改、删除或添加以及位移（图4.4.84）。

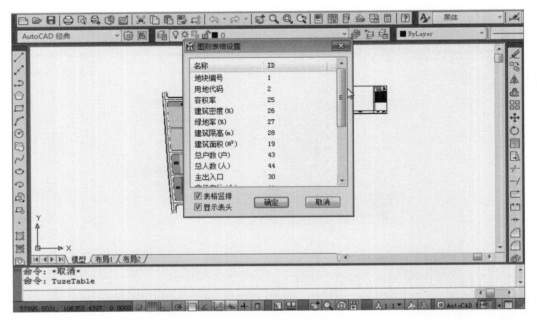

图4.4.84　分图图则的操作方法（7）

图则分幅：图则-分图图则-图则分幅（图 4.4.85）。

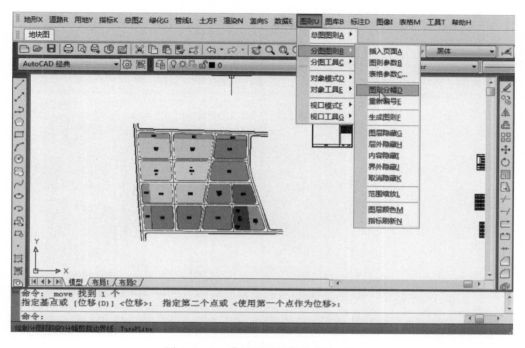

图 4.4.85　分图图则的操作方法（8）

输入数字（0）点选、（1）选实体、（2）描边界、（3）按次选线、（4）转换，确定图则的分幅方式（图 4.4.86）。

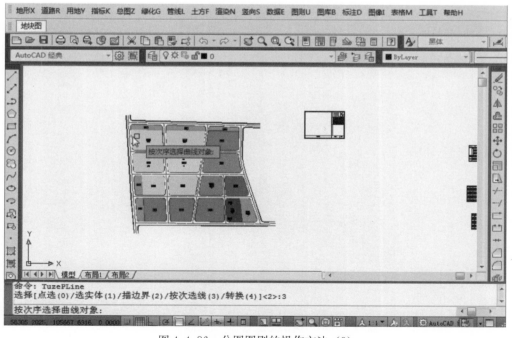

图 4.4.86　分图图则的操作方法（9）

如选择（3）按次选线，则按照顺时针（逆时针）选择分图图则的边界线，一般为道路中线，回车确认后，生成分图图则（图4.4.87）。

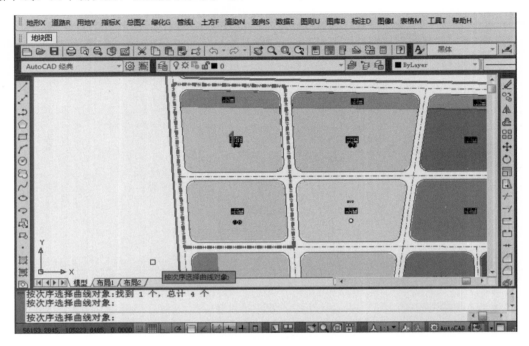

图4.4.87 分图图则的操作方法（10）

按照顺序分幅完成（图4.4.88）。

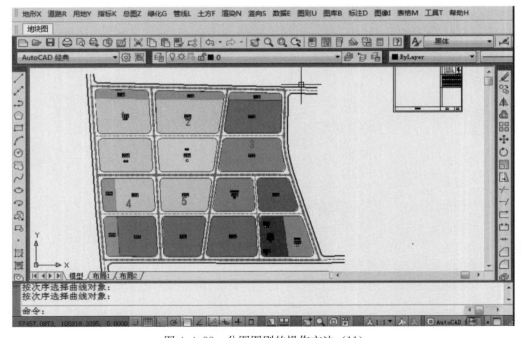

图4.4.88 分图图则的操作方法（11）

图则-分图图则-生成图则（图 4.4.89）。

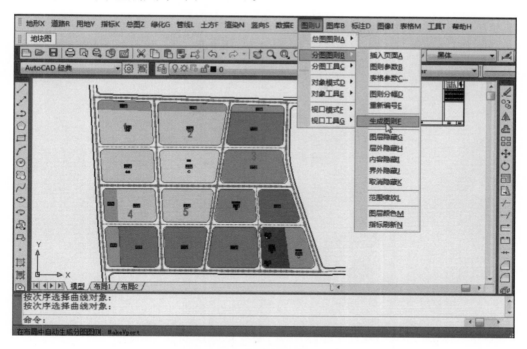

图 4.4.89　分图图则的操作方法（12）

框选之前做好的带位置图的图则页面，回车确认后，分图图则会在下方模型空间栏中生成（图 4.4.90）。

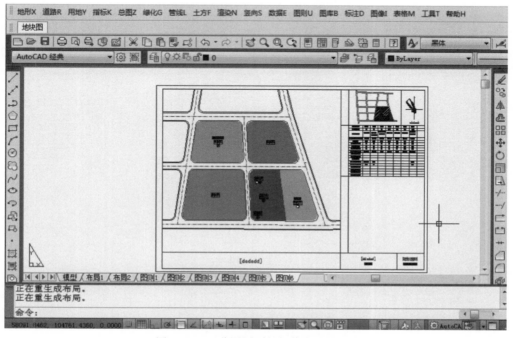

图 4.4.90　分图图则的操作方法（13）

在分图图则的模型界面打开之前道路的标注，回到图则分幅：图则-分图图则-界外隐藏（图 4.4.91）。

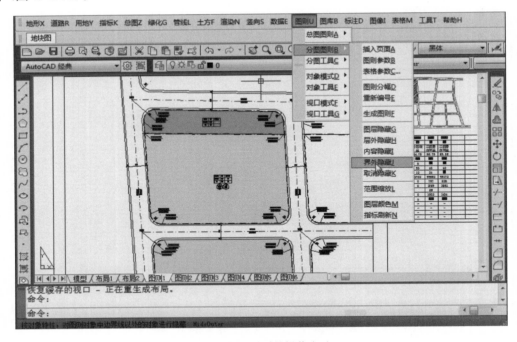

图 4.4.91　分图图则的操作方法（14）

选择该分图图则界线外不需要的标注，隐藏起来。对于个别和边界重叠的标注采用图则-分图图则-内容隐藏来处理（图 4.4.92）。

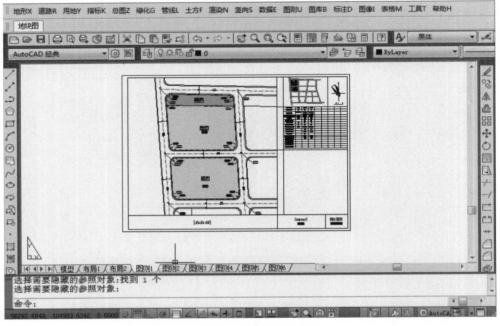

图 4.4.92　分图图则的操作方法（15）

　　在分图图则的模型空间里修改的数据会同步到布局视图的分图图则中，如果指标修改后；指标表里的数据没有同步，可采用图则-分图图则-指标刷新来更新指标表（图4.4.93）。

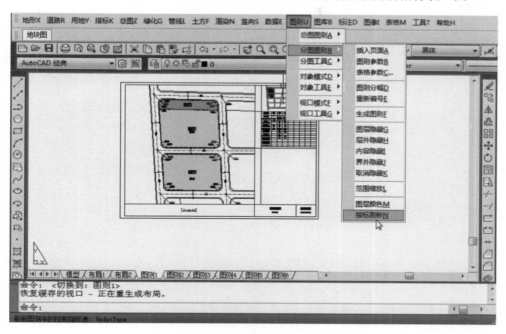

图4.4.93　分图图则的操作方法（16）

⑦ 分图图则页面的自定义

在CAD中画出新的分图图则页面（图4.4.94）。

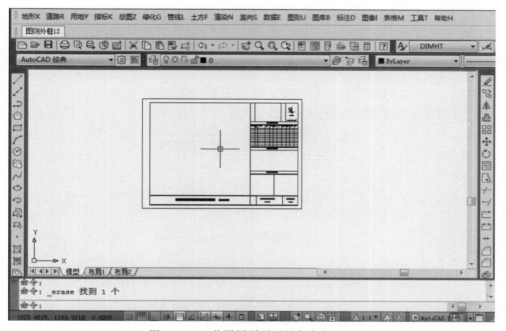

图4.4.94　分图图则页面的自定义（1）

图则-分图图则-插入页面,插入默认的图则页面(图4.4.95)。

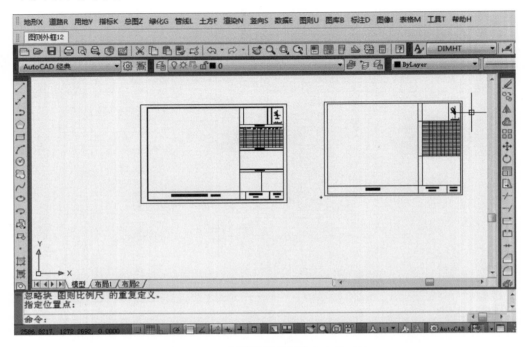

图4.4.95 分图图则页面的自定义(2)

选择默认的分图图则页面的主视口,使用移动命令(M)将其移动到自定义的分图图则页面的主视口,通过捕捉点统一两个主视口的大小(图4.4.96)。

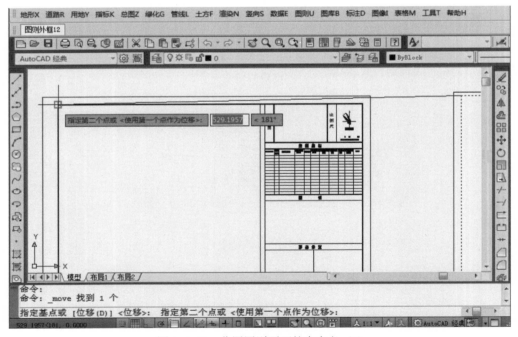

图4.4.96 分图图则页面的自定义(3)

同理，将图纸外框、位置图、指标表、分图图号等的视口也移动到自定义的图则页面（图 4.4.97）。

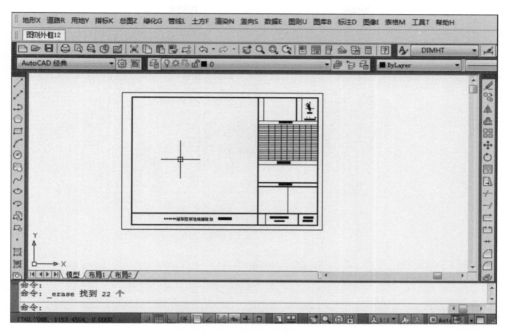

图 4.4.97　分图图则页面的自定义（4）

将制作完的分图图则复制到土地利用图中：图则-分图图则-图则参数，框选用地总图范围，选择刚才的分图图则页面，确定后即生成新的分图图则（图 4.4.98）。

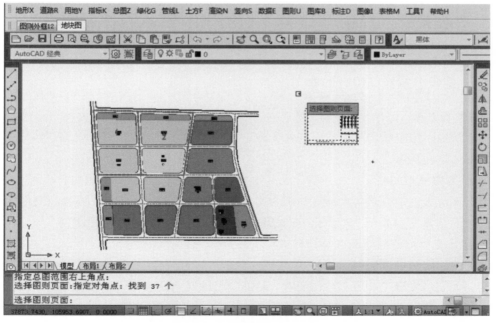

图 4.4.98　分图图则页面的自定义（5）

图则-分图图则-表格参数,修改好参数后,图则分幅完毕;图则-分图图则-生成图则,生成新的自定义的分图图则(图4.4.99)。

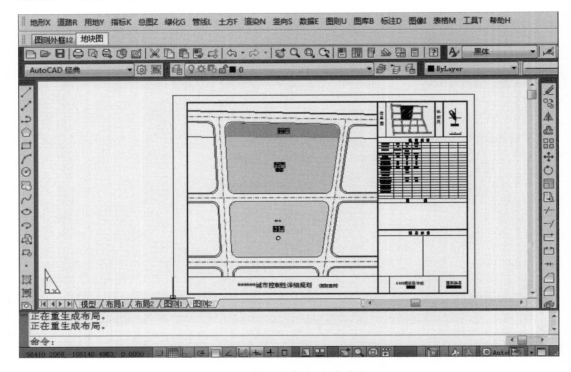

图 4.4.99　分图图则页面的自定义(6)

第五节　控制性详细规划图则乡镇风貌控制部分

1. 各层次乡镇空间设计的学习重点

(1) 镇域层面
镇域层面运用空间设计方法,强化生态、农业和城镇空间的全域全要素整体统筹,优化镇域整体空间秩序。

① 统筹整体空间格局

落实宏观规划中自然山水环境与历史文化要素方面的相关要求,协调乡镇村与山水林田湖草沙的整体空间关系,对优化空间结构和空间形态提出框架性导控建议。

② 提出大尺度开放空间的导控要求

梳理并划定镇域全尺度开放空间,结合形态与功能对结构性绿地、水体等提出布局建议,辅助规划形成组织有序、结构清晰、功能完善的绿色开放空间网络。

③ 明确全域全要素的空间特色

根据镇域自然山水、历史文化、城镇发展等资源禀赋,结合规划明确的乡镇性质、发展定位、功能布局、制约条件，以及公众意愿等，针对镇域整体特色风貌，提出需重点保护的特色空间、特色要素及其框架性导控要求。

（2）镇区层面

在中心镇区层面运用空间设计方法，整体统筹、协调各类空间资源的布局与利用，合理组织开放空间体系与特色景观风貌系统，提升镇区空间品质与活力，分区分级提出镇区形态导控要求；对于重点控制区，应在满足镇区一般片区设计要求的基础上，更加关注其特殊条件和核心问题，通过精细化设计手段，打造具有更高品质的乡镇地区。结合不同片区功能提出建筑体量、界面、风格、色彩、第五立面、天际线等要素的设计原则，塑造凸显地域特色的镇区风貌；从人的体验和需求出发，深化研究各类公共空间的规模尺度与空间形态，营造以人为本、充满魅力的景观环境。兼具多种特殊条件的重点控制区，应统筹考虑各类设计导控要求，采用协同式方法，实现综合价值的最优。

① 确立镇区空间特色

细化落实宏观规划中关于镇区特色的相关要求，明确自然环境、历史人文等特色内容在镇区空间中的落位。对镇区中心、空间轴带和功能布局等内容分别进行梳理，确定镇区特色空间结构并提出镇区功能布局优化建议，对镇区特色空间提出结构性导控要求。

② 提出空间秩序的框架

明确重要视线廊道及其导控要求，对镇区高度、街区尺度、镇区天际线、镇区色彩等内容进行有序组织，并提出结构性导控要求。

③ 明确开放空间与设施品质提升措施

组织多层级、多类型的开放空间体系及其联系脉络，提出拟采取的规划政策和管控措施，提升公共服务设施及市政基础设施的集约复合性与美观实用性。

④ 对镇区结构框架有重要影响作用的区域

如镇区门户、镇区中心、重要轴线、节点等，建立与镇区整体框架相衔接的空间结构与形态；在设施布局、公共空间、路网密度、街道尺度、建筑高度、开发强度等方面进行详细设计，使空间秩序与区位特征相匹配。

⑤ 具有特殊重要属性的功能片区

如交通枢纽区、商务中心区、产业园区、教育园区等。强化与周边组团的区域联动，合理进行业态布局引导；强调土地的多元混合、高效使用、弹性预留；注重核心区域公共空间系统建设和场所营造，鼓励重点地段地上地下综合开发、一体化设计；加强对外交通与片区内部交通的接驳和流线的组织。

⑥ 镇区重要开敞空间

如山前地区、滨水地区、重要公园与广场、生态廊道等。优先识别和保护特色自然资源，延续特色景观风貌的本土原真性；保护延续空间整体格局，营造适宜的空间肌理、建（构）筑物尺度与形态；通过对特色要素与重要界面的塑造，提升开敞空间活力，营造富有特色、充满魅力的景观风貌。

⑦ 镇区重要历史文化区域

如历史风貌与文化遗产保护区、传统历史街区、复兴区、工业遗产等。细化梳理各类历史文化资源特征，延续镇区文脉；加强对周边控制地带的建设高度、建筑风貌的设计导控，形成良好的文化衔接，防止大拆大建。

⑧ 一般片区

镇区一般片区应落实总体和控规中的各项设计要求，通过三维形态模拟等方式，进一步统筹优化片区的功能布局和空间结构，明确景观风貌、公共空间、建筑形态等方面的设计要求，营造健康、舒适、便利的人居环境。

打造人性化的公共空间。结合自然山水、历史人文、公共设施等资源，优化片区公共空间系统，明确广场、公园绿地、滨水空间等重要开敞空间的位置、范围和设计要求。重点组织慢行系统、游览线路等公共活动通道，打造开放舒适、生态宜人的行为场所体系。

营造清晰有序的空间秩序。合理确定地块建筑高度、密度和开发强度，对重要地块进行细化控制引导。组织建筑群落关系，强化空间艺术性，形成建筑群体的整体特征，谨慎处理高层高密度住宅的外部空间形态组织。对重要街道的沿街立面、建筑退线、底层功能与形态、立面与檐口等提出较为详细的导控要求。

控制性详细规划常常因为空间设计内容的融入变得更加综合全面，在编制方法和运作实施等方面体现了变革和进步；反过来，空间设计作为非法定规划，其实施亦需要以控制性详细规划等法定规划作为工具依托。控制性详细规划中的空间设计要求往往为引导性内容，以指明乡镇空间塑造和环境形态营建的发展导向。

控制性详细规划制定（特别是重点地区）需要分析和研究乡镇的环境特征、景观特色要素及空间关系，梳理乡镇的空间结构和城市景观框架等，并结合上位规划与其他相关规划提出的相关空间设计要求，合理提出地段的空间设计指导原则和控制要求。上位控制性详细规划对附加图则需要制定的空间设计管控内容提出了明确规定，与乡镇空间设计结合，可总结为：

① 按照上位规划确定的乡镇空间构架和布局，合理组织各类功能空间，形成人工环境与自然环境有机融合、层次丰富的乡镇空间体系；

② 按照以人为本的原则，塑造舒适宜人的乡镇公共空间；

③ 彰显地区特色，传承历史文脉，体现时代精神，协调建筑与周边环境的关系，构建富有地域特征和文化内涵的乡镇风貌；

④ 塑造空间背景整齐有序、景观标志特征突出的乡镇整体形象（表 4.5.1）。

附加图则控制指标一览表　　　　　　　　　　　　　表 4.5.1

控制指标		分类与分级										
		公共活动中心区			历史风貌地区			重要滨水区和风景区		交通枢纽地区		
		一级	二级	三级	一级	二级	三级	一级	三级	一级	二级	三级
建筑形态	建筑高度	●	●	●	●	●	●	●	●	●	●	●
	屋顶形式	○	○	○	●	●	●	○	○	○	○	○
	建筑材质	○	○	○	●	●	●	○	○	○	○	○
	建筑色彩	○	○	○	●	●	●	○	○	○	○	○
	连廊＊	●	●	○	○	○	○	○	○	●	●	●

续表

控制指标		分类与分级										
		公共活动中心区			历史风貌地区			重要滨水区和风景区		交通枢纽地区		
		一级	二级	三级	一级	二级	三级	一级	三级	一级	二级	三级
建筑形态	骑楼*	●	●	○	●	○	●	○	○	○	○	○
	地标建筑位置*	●	●	○	○	○	○	●	●	○	○	○
	建筑保护与更新	○	○	○	●	●	○	○	○	○	○	○
公共空间	建筑控制线	●	●	●	●	●	●	●	●	●	●	●
	贴线率	●	●	●	●	●	●	○	○	●	●	●
	公共步行通道*	●	●	●	●	●	●	●	●	●	●	●
	地块内部广场范围*	●	●	●	●	○	○	●	●	○	○	○
	建筑密度	○	○	○	○	○	○	○	○	○	○	○
	滨水岸线形式*	●	●	●	○	○	○	●	●	○	○	○
道路交通	出入口	●	●	●	●	●	●	●	●	●	●	●
	公共停车位	●	●	●	●	●	●	●	●	●	●	●
	特殊道路断面形式*	●	●	●	●	○	●	○	○	○	○	○
	慢行交通优先区*	●	●	●	●	●	●	●	●	○	○	○
地下空间	地下空间建设范围	●	●	●	○	○	○	●	●	●	●	●
	开发深度与分层	●	●	●	○	○	○	○	○	●	●	●
	地下建筑主导功能	●	●	●	○	○	○	○	○	●	●	●
	地下建筑量	●	○	○	○	○	○	○	○	●	●	○
	地下通道	●	●	○	○	○	○	○	○	●	●	○
	下沉广场位置*	●	○	○	○	○	○	○	○	●	○	○
生态环境	绿地率	○	○	○	○	○	○	●	●	○	○	○
	地块内部绿化范围*	●	○	○	●	●	●	○	○	○	○	○
	生态廊道*	○	○	○	○	○	○	●	●	○	○	○
	地块水面率*	○	○	○	○	○	○	●	○	○	○	○

注：① "●"为必选控制指标；"○"为可选控制指标。

② 带"*"的控制指标仅在城市设计区域出现该种空间要素时进行控制。

（3）乡村层面

在乡村层面应体现尊重自然、传承文化、以人为本的理念，保护乡村自然本底，营造富有地域特色的"田水路林村"景观格局，传承空间基因，延续当地空间特色，运用本土化材料，展现出独特的村庄建设风貌，忌简单套用镇区空间的设计手法。

为更好地指导控规落地，控制性详细规划图则增加乡镇风貌控制部分，把指导性指标以文字和三维图纸的形式加入图则中，主要包含建筑设计引导、开放空间设计引导、照明设计引导和标识设计引导。图则乡镇风貌控制部分由单元彩色平面图（图4.5.1）、单元鸟瞰图及相关文字组成。

图 4.5.1　单元控制图则示意图

　　控制性详细规划图则乡镇风貌控制部分提供了建筑群体形态及总平面图,只是起到导引作用而非严格的限定。通过控制引导来实现对规划区内空间发展结构性要素的限定和控制,直接指导未来的建设开发和建筑与环境设计。

2. 建筑设计引导

　　从建筑的尺度、形式、空间组合、材料、色彩等设计要素着手,规定共同遵守的准则,以保证建筑的协调,强化乡镇总体意象特征。

　　(1) 基本导则

　　街墙:商业街区建筑形成的街道界面长度不宜小于建筑退线长度的70%。居住区建筑形成的街道界面长度不宜小于建筑退线长度的90%。商业建筑形成的街墙高度不宜低于9m,不宜高于15m。街墙的立面设计特别是水平划分应与毗邻建筑相协调。

　　塔楼:鼓励建设屋顶花园,以形成景观良好的第五立面,并有助于建筑的生态节能。滨水建筑可适当采用退台设计,结合屋顶花园形成并增加建筑与开放空间景观及视线的互动交流。

　　屋顶:居住楼房应注意与同一地块或相邻地块的塔楼在高度上协调且有变化,以形成有序有趣的天际线(图 4.5.2)。

　　(2) 建筑色彩引导

　　办公(行政、文化)建筑色彩引导:主色调宜为稳重理性的复合色,视觉感受严谨、

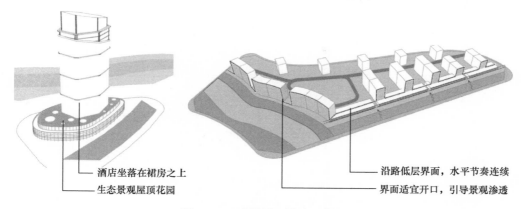

　　酒店坐落在裙房之上
　　生态景观屋顶花园
　　沿路低层界面，水平节奏连续
　　界面适宜开口，引导景观渗透

图 4.5.2　建筑界面设计示意图

高效。

　　商业建筑色彩引导：视觉形象要求舒适、有亲和力。

　　住宅建筑色彩引导：色调相对素雅、温馨。

　　工业建筑色彩引导：明快，与环境融合。

（3）建筑材料引导

　　建筑材料外装的选择一方面允许单体建筑多样化，另一方面亦应注重建筑群体的协调，形成富有特色并整体和谐的风貌。

　　办公建筑材料引导：办公建筑材料突出体现简约、稳重的风格特质。可选用大理石、石材幕墙、混凝土幕墙等，以体现现代、整体、美观以及品质的要求。

　　商业建筑材料引导：商业建筑材料宜体现亲和、色彩的风格特质。可选用轻质混凝土、石材幕墙等新型高性能复合材料，使建筑风格更为生动，建筑风貌更加独特。

　　住宅建筑材料引导：居住建筑材料宜体现简洁、温馨的风格特质。外装饰材料采用环保涂料与石材相结合，色彩雅致且具有丰富的装饰效果，具有生态、耐久、整洁等性能。

3. 开放空间设计引导

　　公共开放空间是反映乡镇形象、品质的重要因素。对乡镇开放空间的控制引导是为了保证乡镇开放空间的尺度感受和环境质量，提升乡镇形象，并为市民创造舒适的乡镇公共环境。

　　规定各类乡镇开放空间如乡镇文化景观空间、乡镇绿色基础建设空间、生态保护空间、乡镇商业开发空间等的断面、建筑边界、绿植、地面铺装、滨水河岸等空间构成要素的设计准则，创造宜人的乡镇公共开放空间。开放空间的控制引导将从开放空间的景观特征、景观要素控制规定，包括建筑界面、与道路边界的关系、绿化、步行道路、街道家具等方面进行。

（1）设计通则

　　功能性：对各开放空间景观特性、景观主题与景观要素精心规划，合理组织。

　　多元性：大型开放空间的功能应与功能多元复合，避免单一化的功能组织。

　　人性化：以人为本，注重景观设计中人性化功能、尺度的设计，创造宜人的空间感受。

文化性：在空间组织中注重传统文化、时代气息、创新文化的交融。

地域性：在适当的地方选择当地特有的乡土植被，加强当地的生态环境塑造。

（2）分类设计

乡镇文化景观空间：党建宣传空间、生产科普空间、历史文化空间。

乡镇绿色基础建设空间：新农村建设空间、市集购物空间、村民活动空间。

生态保护空间：林间游赏空间、农业生态空间。

乡镇商业开发空间：康养休闲空间、农业旅游空间、民宿景观空间。

4. 照明设计引导

确定道路、人行道、广场、公园、建筑等不同对象的照明设计准则，以形成有特色的夜景小城镇形象；并对各种户外广告标示、引导标示的布局和设计规定相应的设计准则。

（1）总体引导

近人尺度：注意灯具与环境的协调，与人体活动相适应。

中远尺度：注意建筑夜景照明相互协调，突出区域整体夜景特点。

（2）地标建筑群及中心景观水体沿岸照明

以连续和谐的水岸照明强化核心景观区的识别性。

采用黄色或红色等显著灯光以对比蓝色为主的水岸光。

（3）特色建筑重点照明

对于特色建筑，如商务办公、商业休闲建筑等，应对其灯光照明加以强化识别。

（4）开放空间照明

乡镇核心区公共开放空间的照明应与建筑群的照明相互呼应，强调公共空间夜间使用的效果以及安全性。公园小径和乡镇景观步道等应采用灯光营造安全的步行环境，同时通过使用截光型灯架来减少光污染。

（5）标识设计引导

① 设计原则

广告、标识不应损害建筑与环境特征，其尺度及形式应与建筑、环境协调。

② 位置

屋顶广告、标识不得损害主体建筑屋顶造型与建筑群天际线形象；墙面广告、标识建议设置在高层建筑裙房部位；建筑主立面墙面的广告，标识位置不应影响建筑立面形象。

③ 尺度

同一建筑设置若干广告、标识，其尺度、设计应协调；多、高层建筑墙面广告、标识面积不得超过该墙面面积的1/10。

④ 形式、色彩

不同路段的小型广告、标识的形式、色彩宜富有变化；同一路段的小型广告标识形式应协调统一。

（6）用途管制和规划许可中的注意事项

① 用途管制中的镇区设计内容

依据总体规划、详细规划和专项规划，在用途管制中处理好生态、农业和城镇三者之间的空间关系，注重生态景观、地形地貌保护、农田景观塑造、绿色开放空间与活动场所以及人工建设协调等内容。

② 从镇区设计角度研究建设项目规划选址的合理性

依据上位规划和设计，可从空间形态、风貌协调性和功能适宜性等角度提出建设项目准入条件和建设项目选址引导，为建设项目用地预审和选址提供重要的决策依据。对空间形态重点管控区用地提出建设项目准入条件和景观风貌注意事项，为镇区重要的公共建筑、标志性建（构）筑物等重要建设项目选址提供引导和参考。

③ 在特殊地块开展镇区设计的精细化研究

有特殊要求的地块，可在遵守详细规划的前提下，结合发展意愿、产业布局、用地权属、空间影响、利害关系人意见等，开展编制面向实施的精细化镇区设计，提出建筑和环境景观设计条件。

④ 规划许可中的镇区设计内容

规划许可中的镇区设计内容宜包括界面、高度、公共空间、交通组织、地下空间、建筑引导、环境设施等，必要时可附加镇区设计图则。

第五章

乡镇控制性详细规划成果表达

第一节 软　件　应　用

中共中央、国务院《关于建立国土空间规划体系并监督实施的若干意见》要求：在资源环境承载能力和国土空间开发适宜性评价的基础上，科学有序统筹布局生态、农业、城镇空间，划定生态保护红线、永久基本农田、城镇开发边界等管控边界，优化国土空间结构布局，保护生态屏障，为保障规划编制的科学性，将 GIS 强大的空间分析技术应用到国土空间规划编制中，为规划编制提供决策支持工具。以功能强大、应用最广泛的 Arc-GIS 软件为例介绍 GIS 软件在控规正图设计阶段的运用。

1. "三调"底图转换为国土空间规划底图

（1）"三调"地类与国土空间规划地类对应关系

根据《中华人民共和国土地管理法》《土地调查条例》有关规定，国务院决定自 2017 年起开展第三次全国土地调查（简称"三调"），目的是全面查清当前全国土地利用状况，掌握真实准确的土地基础数据，健全土地调查、监测和统计制度，强化土地资源信息社会化服务，满足经济社会发展和国土资源管理工作需要。"三调"成果是国家制定经济社会发展重大战略规划、重要政策举措的基本依据。"三调"技术调查规程中将土地利用现状分为 12 个一级地类，57 个二级地类。国土空间规划用地用海分类采用三级分类体系分为 25 个一级类，83 个二级类，30 个三级类。"三调"成果是国土空间规划编制的底图，因此在编制国土空间规划图件时应注意二者的地类衔接关系，国土空间规划用地用海分类考虑了"三调"工作的基础，一级分类与"三调"进行了充分的对接，同样名称的一级类尽量保持内涵一致，并在此基础上结合国土空间规划编制和实施管理的需要对部分分类进行了调整、补充和细分（表 5.1.1）。

国土空间规划用地用海分类与"三调"地类对应表　　　　　　　　表 5.1.1

三调地类		国土空间规划地类	三调地类		国土空间规划地类	三调地类		国土空间规划地类
101	水田	0101 水田	402	沼泽草地	0503 沼泽草地	602	采矿用地	1002 采矿用地
102	水浇地	0102 水浇地	403	人工牧草地	0402 人工牧草地	1002	轨道交通用地	1206 城市轨道交通用地
103	旱地	0103 旱地	404	其他草地	0403 其他草地	1003	公路用地	1202 公路用地
201	果园	0201 果园	603	盐田	1003 盐田	1104	坑塘水面	1704 坑塘水面
202	茶园	0202 茶园	08H1	机关团体新闻出版用地	0801 机关团体用地	1105	沿海滩涂	0505 沿海滩涂
203	橡胶园	0203 橡胶园	1007	机场用地	1203 机场用地	1106	内陆滩涂	0506 内陆滩涂
204	其他园地	0204 其他园地	1002	轨道交通用地	1206 城市轨道交通用地	1108	沼泽地	0504 其他沼泽地
301	乔木林地	0301 乔木林地	1003	公路用地	1202 公路用地	1109	水工建筑用地	1312 水工设施用地

续表

三调地类	国土空间规划地类	三调地类	国土空间规划地类	三调地类	国土空间规划地类
302 竹林地	0302 竹林地	1009 管道运输用地	1205 管道运输用地	1110 冰川及永久积雪	1706 冰川及常年积雪
303 红树林地	0507 红树林地	1101 河流水面	1701 河流水面	1201 空闲地	2301 空闲地
304 森林沼泽	0501 森林沼泽	1102 湖泊水面	1702 湖泊水面	1203 田坎	2302 田坎
305 灌木林地	0303 灌木林地	1103 水库水面	1703 水库水面	1204 盐碱地	2304 盐碱地
306 灌丛沼泽	0502 灌丛沼泽	1007 机场用地	1203 机场用地	1205 沙地	2305 沙地
307 其他林地	0304 其他林地	1002 轨道交通用地	1206 城市轨道交通用地	1206 裸土地	2306 裸土地
401 天然牧草地	0401 天然牧草地			1207 裸岩石砾地	2307 裸岩石砾地

以"三调"成果为基础，根据国土空间规划用地用海分类与"三调"地类的对应关系，分类对"三调"数据进行归并和细分，形成国土空间规划分类。可以通过直接对应、核实归并、补充调查等方式，在"三调"成果基础上，转换为国土空间规划分类。经过对比标准，将"三调"国土调查分类标准与国土空间规划分类标准对应关系划分为三种，即一对一、多对一和一对多（图 5.1.1）。

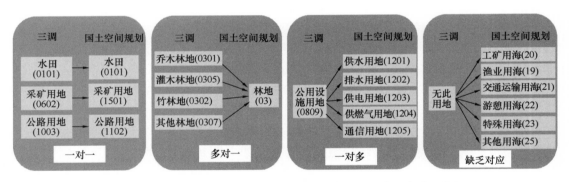

图 5.1.1　"三调"分类与国土空间规划用地用海分类对应关系分析

（2）"三调"底图如何转换为国土空间规划底图

根据图 5.1.1 不同的对应关系采用不同的转换方法。针对一对一和多对一数据，可以利用 ArcGIS 直接进行转换。

对于一对多数据，需采取其他数据如结合遥感影像图、POI 数据、地形图等进行辅助判别归类，如内业不能判别，采取人工实地核实的方式进行调查并归类，确保数据转换的准确性（表 5.1.2）。

一对多对应关系表　　　　表 5.1.2

三调地类	国土空间规划地类	三调地类	国土空间规划地类
05H1 商业服务业设施用地	090101 零售商业用地	809 公用设施用地	1301 供水用地
	090102 批发市场用地		1302 排水用地

续表

三调地类		国土空间规划地类	三调地类		国土空间规划地类
05H1	商业服务业设施用地	090103 餐饮用地	809	公用设施用地	1303 供电用地
		090104 旅馆用地			1304 供燃气用地
		090105 公用设施营业网点用地			1305 供热用地
		090301 娱乐用地			1306 通信用地
		090302 康体用地			1307 邮政用地
508	物流仓储用地	110101 一类物流仓储用地			1308 广播电视设施用地
		110102 二类物流仓储用地			1309 环卫用地
		110103 三类物流仓储用地			1310 消防用地
601	工业用地	100101 一类工业用地			1313 其他公用设施用地
		100102 二类工业用地	810	公园与绿地	1401 公园绿地
		100103 三类工业用地			1402 防护绿地
701	城镇住宅用地	070101 一类城镇住宅用地			1403 广场用地
		070102 二类城镇住宅用地	1001	铁路用地	1201 铁路用地
		070103 三类城镇住宅用地			1208 交通场站用地
702	农村宅基地	070301 一类农村宅基地	1004	城镇村道路用地	1207 城镇道路用地
		070302 二类农村宅基地			0601 乡村道路用地
08H2	科教文卫用地	080301 图书与展览用地	1005	交通服务场站用地	120802 公共交通场站用地
		80302 文化活动用地			120803 社会停车场用地
		080401 高等教育用地			1209 其他交通设施用地
		080402 中等职业教育用地	1006	农村道路	0601 乡村道路用地
		080403 中小学用地			2303 田间道
		080404 幼儿园用地	1008	港口码头用地	1204 港口码头用地
		080405 其他教育用地			1208 交通场站用地
		080501 体育场馆用地	1107	沟渠	1705 沟渠
		080502 体育训练用地			1311 干渠
		080601 医院用地	1202	设施农用地	0602 种植设施建设用地
		080602 基层医疗卫生设施用地			0603 畜禽养殖设施建设用地
		080603 公共卫生用地			0604 水产养殖设施建设用地
		080701 老年人社会福利用地			
		080702 儿童社会福利用地			
		080703 残疾人社会福利用地			
		080704 其他社会福利用地			

对于"三调"未进行调研的国土空间规划用途（表5.1.3），需进行补充调查，根据相关文件证书等确认规划用途。

"三调"未调研用地 表 5.1.3

一级	二级	一级	二级
18 渔业用海	1801 渔业基础设施用海	20 交通运输用海	2001 港口用海
	1802 增养殖用海		2002 航运用海
	1803 捕捞海域		2003 路桥隧道用海
19 工矿通信用海	1901 工业用海	21 游憩用海	2101 风景旅游用海
	1902 盐田用海		2102 文体休闲娱乐用海
	1903 固体矿产用海	22 特殊用海	2201 军事用海
	1904 油气用海		2202 其他特殊用海
	1905 可再生能源用海	24 其他海域	——
	1906 海底电缆管道用海		

在对标准进行梳理的基础上，以某地为例，首先进行数据准备，调用某镇"三调"地类图斑（DLTB. shp），利用 ArcGIS 软件进行地类转换。具体步骤如下：

第一步：加载地类图斑，打开属性表，新建 gk＿dldm（国空地类代码）、gk＿dlmc（国空地类名称）两个字段，与"三调"字段区分开。

第二步：打开地类图斑的属性表，按照属性选择一对一的地类（图 5.1.2a）。进行一对一地类转换。

用字段计算器计算 gk＿dlmc 字段赋值为"三调"地类图斑的 dlmc 字段值（图 5.1.2b），即可将国土空间与"三调"地类一对一关系进行直接转换。然后取消选择，分别按照属性选择 gk＿dlmc 给字段 gk＿dlbm 赋值国土空间分类编码。

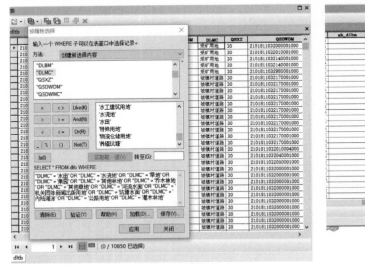
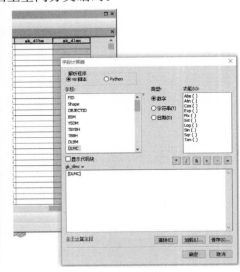

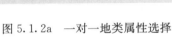
图 5.1.2a 一对一地类属性选择　　　　　图 5.1.2b 一对一地类属性赋值

第三步，进行一对多的转换，需要结合影像图或者实地调查结果进行细化分类。以农村宅基地为例，需要细分为一类农村宅基地、二类农村宅基地，按照调研资料核对"三调"农村宅基地图斑进行细分，绘制并对 gk＿dlmc 和 gk＿dldm 赋值。

第四步，对于"三调"未进行调研的国土空间规划用途分类用地，根据外业调研进行补充绘制。补充绘制图件结束后要进行拓扑检查，检查绘制过程中的图形错误，避免影响后期面积统计的正确性。

（3）土地利用现状分析

根据转换后的国土空间一张图，进行国土空间土地利用现状分析，制作国土空间土地利用现状图。由于目前镇国土空间土地利用现状图配色方案还未出相关标准，图例可借鉴省市级标准。利用 ArcGIS 软件可以快速统计研究区域的用地现状，快速制作国土空间规划土地利用现状图，以提高工作效率。以某乡镇为例，利用 ArcGIS 软件制作土地利用现状图并进行现状用地分析。

① 新建数据库：导入国土空间规划地类分类后的 DLTB. shp 数据。

确定比例尺及图幅大小：在 ArcMap 界面选择"视图"→数据框属性→数据框→固定比例，按照图件要求确定比例尺；在 ArcMap 界面选择"视图"→布局视图→选中数据框→属性，调整位置和大小，使整个数据放在数据框内部；在页面空白处右键→页面和打印设置，按照自定义尺寸将整个数据框放在图纸中，保持左右距离匀称，上下距离要稍宽一点，标注图名及相关作图信息。

② 符号化：选中要符号化的图层，右键→属性→符号系统→类别→唯一值→选择要在图中显示的字段→添加所有值→确定。注：按照图件要求修改图层中各要素的表现形式。

③ 图面整饰并导出地图：在 ArcMap 界面选择插入→数据框/标题/文本/比例尺/图例等，按照成图要求，完善相应的图面信息（图 5.1.3）。在 ArcMap 界面选择文件→导出地图，在导出地图对话框中设置图面常规信息及地图格式（. jpg、. bmp、. emf、. eps、. gif 等），导出地图（图 5.1.4）。

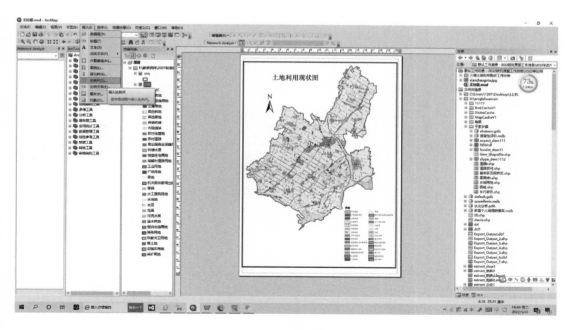

图 5.1.3　图面整饰

图 5.1.4　土地利用现状图

④ 地类面积统计汇总：在原 DLTB 图层右键单击打开图层属性表，在属性表中找到图斑面积字段，右击选择汇总（图 5.1.5），然后弹出汇总对话框（图 5.1.6），在对话框

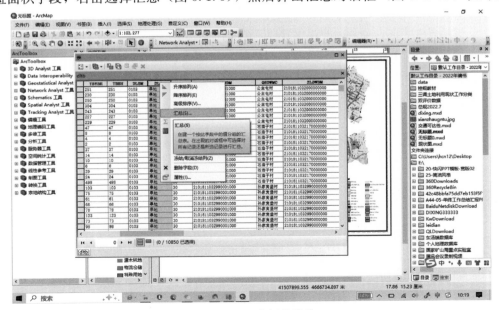

图 5.1.5　面积汇总操作

中选择汇总字段（本次选地类名称），选择汇总统计信息（本次选字段"面积"，按照"总和"进行汇总），单击确定即可得到面积汇总表（图 5.1.7）。可在表中进行相关运算操作，比如计算面积百分比等，如果觉得数据不够一目了然，还可以制作成图表形式，从表中选择创建图表（图 5.1.8），按照向导选择相应图表样式等操作即（图 5.1.9）。

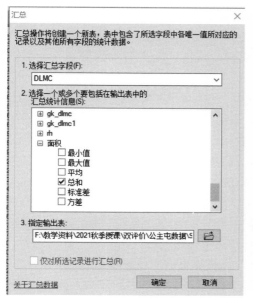

图 5.1.6　面积汇总对话框

OID	DLMC	Count_DLMC	Sum_面积	百分比
0	采矿用地	5	9.89	0.0511
1	城镇村道路用地	1025	80.04	0.413
2	城镇住宅用地	4	9.06	0.0467
3	工业用地	32	39.86	0.2057
4	公路用地	142	290.99	1.5016
5	公用设施用地	27	10.23	0.0528
6	沟渠	341	186.23	0.961
7	灌木林地	2	0.18	0.0009
8	广场用地	1	1.87	0.0097
9	果园	158	100.46	0.5184
10	旱地	3051	14002.01	72.2546
11	河流水面	92	310.36	1.6015
12	机关团体新闻出	15	7.81	0.0403
13	科教文工用地	10	8.84	0.0456
14	坑塘水面	449	210.63	1.0869
15	裸土地	2	0.34	0.0018
16	内陆滩涂	76	503.78	2.5996
17	农村道路	1948	332.31	1.7148
18	农村宅基地	1869	1109.69	5.7263
19	其他草地	70	39.99	0.2064
20	其他林地	551	323.97	1.6718
21	乔木林地	410	354.14	1.8275
22	商业园业设施	23	14.41	0.0744
23	设施农用地	89	45.5	0.2348
24	水工建筑用地	45	141.43	0.7298
25	水浇地	90	93.77	0.4839
26	水田	245	1101.86	5.686
27	特殊用地	48	20.17	0.1041
28	物流仓储用地	29	17.05	0.088
29	养殖坑塘	11	11.83	0.061

图 5.1.7　面积汇总表

图 5.1.8　创建图表

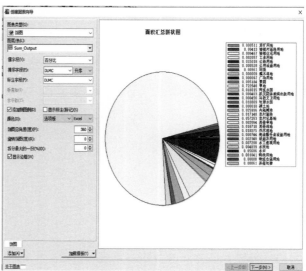

图 5.1.9　面积汇总统计饼状图

　　经过汇总统计可知该镇总用地面积 19378.72hm²，从图中可以看出该镇旱地14002.01hm²，占比 72.255%，比重较高；其次是农村宅基地 1109.69hm²，占比5.725%；水田1101.86hm²，占比 5.686%。

2. ArcGIS 在控规正图绘制中的应用

　　以某镇区为例介绍如何使用 ArcGIS10.6 绘制控制性详细规划中的用地布局规划图。

　　（1）创建地图文档并加载数据

　　打开 ArcMAP，按照提示创建新的空白地图文档，将镇区变更调查数据加载到当前地图文档。

　　（2）创建 Geodatabase 数据库

　　目录列表中链接到要存放数据的文件夹，单击右键选择"新建"，然后选择"文件地理数据库"（图 5.1.10），这样就建立了一个空的数据库，用来存放专题规划图件。选择该数据库，单击右键选择"新建"，然后选择"要素类"，即可打开创建要素窗口（图5.1.11）；在名称中输入该要素名称"镇区用地布局规划图"，在要素类型下拉列表中选择"面要素"（此处要素类型的选择根据绘制要素的实际选择"点要素""线要素""面要素""多点要素""注记要素""多面体要素""尺寸注记要素"），然后点击下一步，为该要素选择合适的坐标系统。因为控规以"三调"为底图，因此坐标系统要与"三调"数据保持一致，可以选择新建坐标系下的"导入"（图 5.1.12），在弹出的对话框中选择相应的"三调"数据即可将该坐标系导入当前要素，然后单击"下一步"，在出现的窗口中选择默认，再单击"下一步"，出现要素设置属性字段窗口（图 5.1.13）；在窗口表编辑该要素的属性字段名称，并选择相应字段类型，此处创建了三个字段："规划用地名称""规划用地代

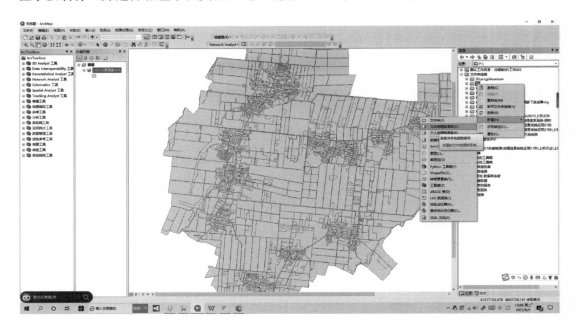

图 5.1.10　创建地理数据库

码""规划面积",用拼音首字母大写命名,也可以选择导入,将其他要素的属性结构导入
当前要素中来快速创建要素的属性结构,也可完成创建要素后进行属性结构的编辑。编辑
完属性结构后单击确定,即可完成该要素的创建。

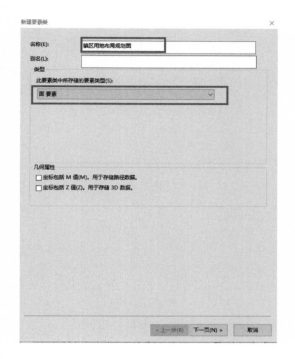

图 5.1.11 新建要素类

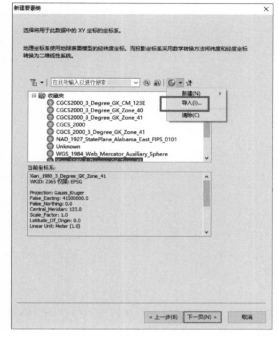

图 5.1.12 导入坐标系统

(3)编辑几何数据

将镇区开发边界数据加载到当前地图文档,在图层单击右键选择属性,打开图层属性
窗口,在显示标签中设置透明度为 50%。在 ArcMAP 菜单空白处任意位置单击右键,选
择"编辑器",打开编辑器工具条(图 5.1.14)。

在编辑器下拉列表(图 5.1.15)中点击"开始编辑",弹出开始编辑窗口(图
5.1.16),选择要编辑的要素层"镇区用地布局图",在编辑器下拉列表中选择"编辑窗
口"下的"创建要素",打开创建要素工具窗口(图 5.1.17),在要素编辑窗口中分别选
择相应图层和工具,选择图层"镇区用地布局图"和构造工具"面",然后在绘图窗口中
即可绘制任意形状的面要素,双击左键结束绘制,方法类似 CAD 绘制。绘图结束后,在
编辑器下拉列表中单击"保存编辑",图件绘制完毕在编辑器下拉列表中单击"停止编
辑",如果没有保存刚编辑的内容,会出现提示保存编辑对话框,点击"是"即可保存对
图层所作的所有编辑。注意:在绘制图形过程中,为方便捕捉到要素边界,在编辑器工具
条下打开捕捉工具条(图 5.1.18),在捕捉工具条设置捕捉方式;如果绘制的图形需要进
行调整,就双击该图形,出现编辑折点工具条(图 5.1.19),可以添加删除节点、移动整
形编辑图形,如拖住折点、按住鼠标左键即可移动边要素位置。

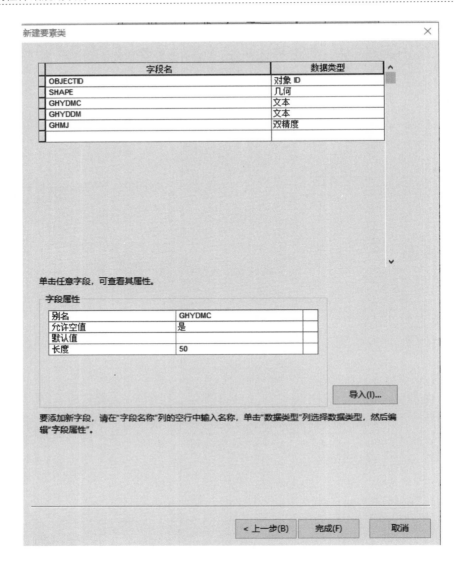

图 5.1.13　编辑属性结构

图 5.1.14　编辑器工具条

（4）编辑属性数据

在完成几何数据绘制后，需要为绘制的几何数据编辑属性数据。在该图层右键单击选择"打开属性表"，单击编辑器工具条下的"开始编辑"；即可对该属性表进行属性编辑；选择一行记录，即可查看该记录属性对应的几何数据。根据几何数据编辑该图形的属性数据（图 5.1.20），编辑完后，打开编辑器工具条下的"保存编辑"。

图 5.1.15　编辑器列表

图 5.1.16　开始编辑窗口

图 5.1.17　打开创建要素工具窗口

图 5.1.18　捕捉工具

图 5.1.19　编辑折点工具条

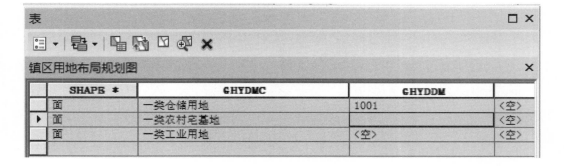

图 5.1.20　属性编辑窗口

对于属性的编辑除了可以逐条编辑，也可以批量编辑：打开图层属性表格，按住 shift 键依次单击要选择的图形；选择相应图形后，在要附属的字段"GHYDMC"单击右键选择"字段计算器"（图 5.1.21），为选择要素批量编辑规划用地名称，在显示代码块输入"一类农村住宅用地"，注意输入英文状态下双引号，否则提示错误，然后单击"确定"，即可为所有选择的要素批量编辑规划用地名称。在要附属的字段"GHYDDM"单击右键选择"字段计算器"（图 5.1.22），为选择要素批量编辑规划用地代码，在显示代码块输入"一类农村住宅用地"的代码"060301"，然后单击"确定"，即可为所有选择要素的地类代码赋值。其他字段批量赋值类似用字段计算器进行。注意无论编辑属性数据还是几何特性数据，在编辑结束后都不要忘了点击编辑器工具条下的保存编辑数据，然后点击编辑器工具条下的停止编辑，每次编辑开始时单击编辑器工具条下的开始编辑。

图 5.1.21　批量属性编辑窗口（1）

（5）文字标注

以镇区用地布局规划图为例，在该图层单击右键选择"图层属性"，打开图层属性对话框（图 5.1.23），单击标注标签，在标注标签中选择标注字段"GHYDMC"，然后设置标注字体大小、标注属性、放置样式等，设置完后单击应用，回到图形编辑窗口；此时，有可能图形中没显示文字标注，需要在该图层单击右键单击"标注要素"，标注要素前打上对勾，此时即可显示文字标注（图 5.1.24）。

图 5.1.22　批量属性编辑窗口（2）

图 5.1.23　图层属性对话框

（6）符号化

按照相关制图规范为不同用地设置不同符号颜色。首先打开图层属性窗口，然后打开"符号系统"标签（图 5.1.25），选择类别下的唯一值，然后选择字段"GHYDMC"，单

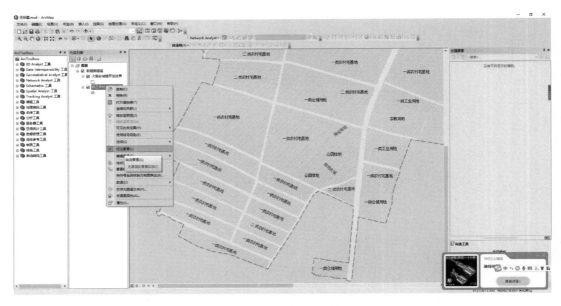

图 5.1.24 设置标注要素显示

击添加所有值，在符号一栏为所有用地选择相应填充符号颜色，设置完后单击"确定"，完成符号化设置。

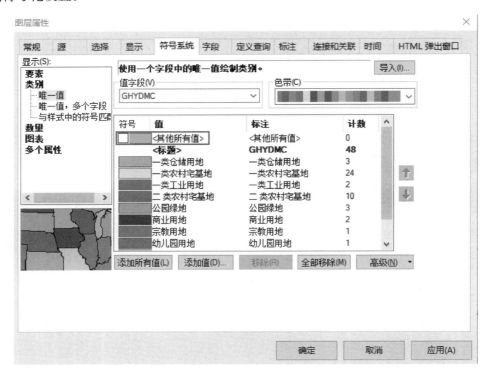

图 5.1.25 符号设置

（7）制作专题图纸

在编辑窗口任意位置单击右键选择"全图"，然后切换到布局视图，调整显示比例，在ArcMap界面选择插入→数据框/标题/文本/比例尺/图例等信息，按照成图要求，完善相应的图面信息，然后在"文件"菜单下选择"文件和打印设置"，进行纸张大小设置，最后在"文件"菜单下选择"导出地图"，保存为 .jpg、.bmp 等图片格式（图5.1.26）。

注意：在插入图例的时候，如何去掉一些不需要的图例信息显示如"其他所有值"？打开该图层的图层属性对话框，打开"符号系统"标签，勾掉"其他所有值"前面的"√"，单击"确定"，然后选择图例，单击右键选择"属性"，打开图例属性对话框（图5.1.27），在"项目"标签中全选所有图层，点击"样式"，打开"图例项选择器"（图5.1.28），选择"仅单一符号保持水平"，然后单击"确定"即可完成图例显示符号设置。

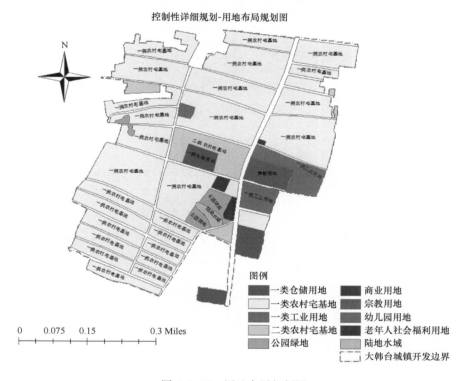

图 5.1.26　用地布局规划图

3. ArcGIS 在控规用地分析中的应用

（1）基础地形分析

地形地貌分析是城市规划的重要内容，与土地利用现状、建筑质量现状、区位交通现状、风貌现状、基础设施分析并列，是城市规划的基础分析之一。地形地貌分析在城市规划的不同时期不同深度中都有广泛应用，从宏观的城市选址、布局、功能分区组织到微观尺度的道路管网、景观等无一不受地形地貌影响。城市规划的基础数据通常是平面的地形图数据，可以在其基础上进行简单的地形分析。近年来，随着信息技术尤其是GIS技术的发展，各种新方法和应用模型不断融入城市规划领域，传统的地形分析由二维平面分析

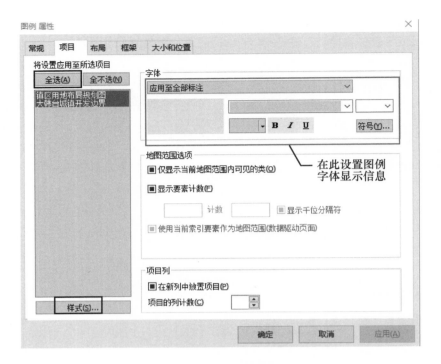

图 5.1.27　图层属性对话框

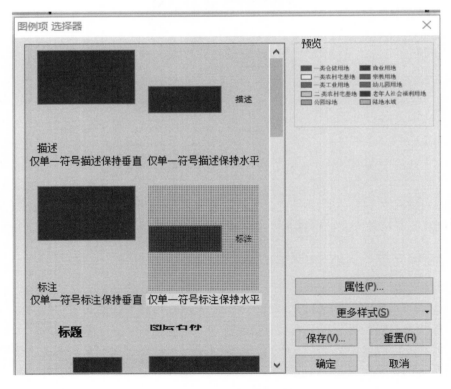

图 5.1.28　图例项选择器

发展到了新的三维地形分析和三维透视图分析，规划人员可以根据地形特征进行合理科学的城市规划。而利用 ArcGIS 工具可以对小区域到城镇乃至省级区域地形进行快速直观分析，且效率高、工作量低、精度高。利用 ArcGIS 进行规划区域的地形、地貌、挖填方、地质等方面的基本地理分析，可选择有利于建设发展规划的地形地貌，规避灾害风险。

城市规划中经常用到的基础地形分析有高程分析、坡度分析、坡向分析，这三种分析涵盖了地形的三个基础要素：高程、坡度和坡向。地形分析可辅助划分城市布局和建筑格局。例如，在平地要求有不小于 0.3°的坡度，以利于地面水的排除和汇聚。从建设工程角度出发，按照适于城市建设的适宜程度，根据同济大学吴志强等编著的《城市规划原理》中城市建设用地标准，将城市用地划分为不同的类型：

一类用地。即适于建设的用地，地形坡度在 10% 以下；土质的地基承载力大于 15t/m²；地下水位低于建筑物基础，一般埋深 1.5～2m；未被洪水淹没过；无沼泽；无冲沟、滑坡、崩塌、岩溶等。

二类用地。即基本可以建设的用地，介于一类与三类用地之间；地基承载力为 10～15t/m²，地形坡度为 10%～25%，地下水位埋深为 1～1.5m。

三类用地。即不适于建设的用地，地基承载力小于 10t/m²，泥炭层或流沙层大于2m；地形坡度大于 25%；洪水淹没经常超过 1～1.5m；有冲沟、滑坡；占丰产田；地下水位埋深小于 1m。

此外，坡度对道路的选线也极为重要。城市各项设施对用地的坡度都有不同的要求，地表的坡度影响着土地的使用和建筑布置。《城乡建设用地竖向规划规范》CJJ 83—2016 规定：工业用地适宜坡度 0.5°～2°，居住建筑 0.3°～10°，城市主要道路 0.3°～6°，次要道路 0.3°～8°，铁路站场 0°～0.25°，对外主要公路 0.4°～3°，机场用地 0.5°～1°，绿地对地形基本无限制要求。城乡建设用地选择及用地布局应充分考虑竖向规划的要求，并应符合下列规定：城镇中心区用地应选择地质、排水防涝及防洪条件较好且相对平坦和完整的用地，其自然坡度宜小于 20°，规划坡度宜小于 15°；居住用地宜选择向阳、通风条件好的用地，其自然坡度宜小于 25°，规划坡度宜小于 25°；工业、物流用地宜选择便于交通组织和生产工艺流程组织的用地，其自然坡度宜小于 15°，规划坡度宜小于 10°；超过 8m 的高填方区宜优先用作绿地、广场、运动场等开敞空间；应结合低影响开发的要求进行绿地、低洼地、滨河水系周边空间的生态保护、修复和竖向利用；乡村建设用地宜结合地形，因地制宜，在场地安全的前提下，可选择自然坡度大于 25°的用地。

基础地形分析还可用于研究自然生态景观等领域辅助各专项规划。如山区的农业规划等，需要着重考虑地形因素的影响，基础地形三要素高程、坡度和坡向通过对光、水、热三个基本环境要素的重新分配影响农业生产条件。其中，海拔高度决定了该地区所接受的太阳辐射和相应的热辐射所损失的能量，引起当地温度和水分条件的递变，形成了当地的小气候条件。地区的降水条件与坡向有密切联系。坡度条件的差异控制着水土流失的剧烈程度，坡度缓则土地保水能力强，不易产生水土流失，适宜进行农耕活动，反之则只宜发展林业生产。所以不同的地形特征影响着农业生产条件和用地的选择。又如，如根据国家退耕还林有关政策，积极治理现有坡耕地，对 25°以上的坡耕地实行有计划地退耕还林还草，对调整农业结构、提高农民收入有积极意义。

　　地形分析的基础是要建立数字高程模型（DEM）。DEM 主要用于描述地面起伏状况，可以用于提取各种地形参数，如坡度、坡向、通视分析等应用分析。目前 DEM 的建立主要来源于：①地形图中的等高线；②通过遥感影像提取高程数据；③其他方式，如全球定位系统（GPS）和激光扫描测高系统等。

　　需要准备数据：高程点数据或者等高线、DEM（数字高程模型）等带有高程属性的地形数据，利用 ArcGIS 的空间分析工具，进行高程分析、坡度分析、坡向分析、地形起伏度分析等，以某地为例进行地形分析，ArcGIS 地形分析的基本步骤如下：

　　① 在 ArcGIS 中整理并添加带有高程属性的 CAD 等高线或者高程点数据；

　　② 将导入的等高线或高程点数据转换为 GIS 可编辑的 .Shapefile 文件；

　　③ 使用整理好的 .Shapefile 生产数字高程三角模型 .tin 文件：在 ArcToolbox 中依次展开"3D Analyst-数据管理-TIN-创建 TIN"，打开创建 TIN 工具（图 5.1.29）；在创建 TIN 窗口进行输出路径设置和输入要素设置，点击确认即可生成 .tin 文件。TIN 的全称是 Triangulated Irregular Network，即"不规则三角网"，这个过程把矢量的点状高程点或者线状等高线高程数据先插值生成 .tin 格式的矢量数字网络模型。TIN 文件也可以表

图 5.1.29　创建 TIN

达高程的数字模型，它和 DEM 的区别就在于 TIN 是矢量数据，而 DEM 是栅格数据，DEM 是把高程进行连续面状数字化。坡度、坡向及坡度变化率等地貌特性分析可在 DEM 的基础上进行，因此需要将 TIN 转换为 DEM 栅格数据。

④ 将 TIN 文件转换为栅格数字高程模型 DEM 文件：在 ArcToolbox 中依次展开"3D Analyst 工具-转换-由 TIN 转出-TIN 转栅格"，双击打开"TIN 转栅格"工具设置相关参数即可进行转换操作（图 5.1.30）。

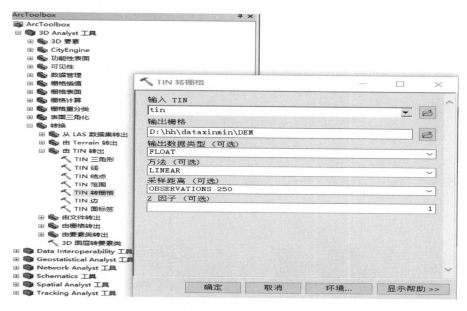

图 5.1.30　TIN 转栅格

⑤ 基于 DEM 即可进一步进行基于地形的坡度、坡向、地形起伏度等专项分析。

高程分析

右击 DEM 图层打开其图层属性对话框（图 5.1.31），点击"符号系统"标签，在显示栏下选择"已分类"，将类别设置为"5"，此处的含义即为将高程分为 5 个等级；点击"分类"按钮，进入分类设置对话框，选择手动，并手动输入分类中断值，点击确认，继续在图层属性设置窗口中的色带选择需要显示的颜色色带，点击确定，即可得到按特定高程分段进行图示化表达后的 DEM 高程效果。此时，基本的高程数据已经形成，但缺乏地形立体感。立体感的效果不能通过对 DEM 进行直接图示化设置来显示，需要基于 DEM 生成一个专门的山体阴影数据，并将其叠置于设置半透明后的 DEM 下面，这样就能让高程分析显示立体效果。生成山体阴影数据需要在 ArcToolbox 中依次展开"3D Analyst－栅格表面－山体阴影"，打开山体阴影工具。在山体阴影工具对话框中输入栅格，勾选当前文档中的 DEM，也即我们需要生成对应山体阴影的数字高程模型，其他选项可以默认，点击确认，即可生成对应的山体阴影数据。完成以上步骤回到高程数据对其进行立体化的图示化表达：首先在内容列表中调整 DEM 和山体阴影图层（HillSha_crea1），让 DEM 位于最上层显示，双击 DEM 图层打开图层属性对话框，在"显示"标签下将透明度修改为 50，点击确定，即可得到有立体感显示的高程分析图（图 5.1.32）。

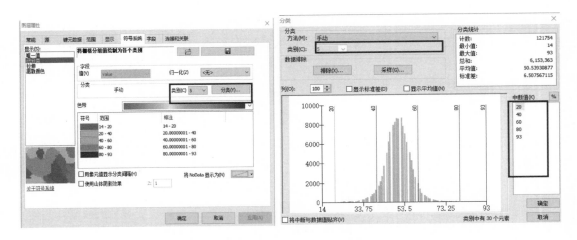

图 5.1.31 图层属性对话框及分类设置对话框

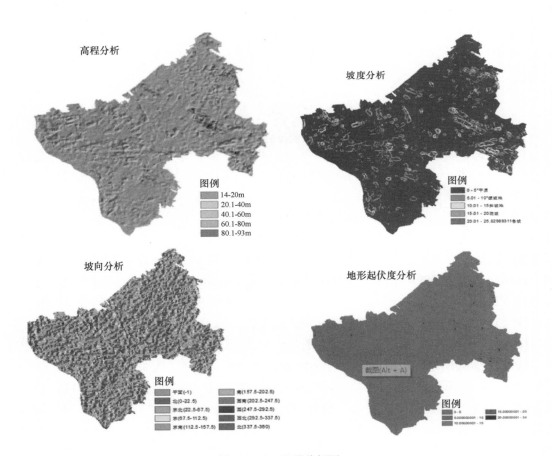

图 5.1.32 地形分析图

坡度分析

坡度是指过地表一点的切平面与水平面的夹角，描述地表面在该点的倾斜程度。它会影响地表物质流动与能量转换的规模与强度，制约生产力空间布局。坡度<3°，平坦平原、盆地中央部分、宽浅谷地底部、台面；坡度 3°～5°，山前地带、山前倾斜平原、冲积、洪积扇、浅丘、岗地、台地、谷地等；坡度 5°～15°，山麓地带、盆地周围、丘陵；坡度 15°～25°，一般在 200～1500m 的山地中；坡度 25°～30°，大于 1000m 山地坡面上部（接近山顶部分）；坡度 30°～45°，大于 1500m 山体坡面上部；坡度>45°，地理意义的垂直面。

ArcGIS 的坡度分析具体操作方法：在 ArcToolbox 中依次展开并打开"3D Analyst-栅格表面-坡度"工具。在坡度工具对话框中的"输入栅格"栏选择 DEM 数字高程数据，"输出栅格"栏可根据自己需要设置路径，点击确认即可得到坡度分析图。

坡向分析

坡向是指地表面上一点的切平面的法线在水平面的投影与该点的正北方向的夹角，描述该点高程值改变量的最大变化方向。坡向是决定地表面局部地面接收阳光和重新分配太阳辐射量的重要地形因子，直接造成局部地区气候特征差异，影响各项农业生产指标。对于北半球而言，辐射收入南坡最多，其次为东南坡和西南坡，再次为东坡与西坡及东北坡和西北坡，最少为北坡。

坡向分析操作流程：在 ArcToolbox 中依次展开"3D Analyst－栅格表面－坡向"，打开"坡向"工具。在"坡向"工具对话框中"输入栅格"输入 DEM 数字高程模型，"输出栅格"路径可自定义也可默认。点击确定，等待计算完成即可得到坡向分析图。坡向分析结果图的图示化一般默认即可，非特殊情况一般不作修改。

地形起伏度分析

地形起伏度是指在一个特定的区域内，最高点海拔高度与最低点海拔高度的差值。它是描述一个区域地形特征的宏观性指标。地形起伏度已成为划分地貌类型的一个重要指标。

分析步骤：打开焦点统计工具（FocalStatistics）（空间分析—领域分析—焦点统计），设置邻域矩形，单元大小为 9×9（"双评价技术指南"要求邻域范围通常采用 20hm² 左右：如 50m×50m 栅格建议采用 9×9 邻域，30m×30m 栅格建议采用 15×15 邻域），可以根据实际情况调整单元设置。设置统计类型为 MAXMUM（最大值），命名为最大值栅格。最小高程值：设置统计类型为 MINIMUM（最小值），命名为最小值栅格，其余设置同"最大高程值"设置。打开栅格计算器，计算"最大值栅格"与"最小值栅格"差值，命名为"地形起伏度"；符号化优化表达图纸，可以利用 DEM 进行地形图的高级渲染，然后为"地形起伏度"选择符号系统（可以采用拉伸色阶或分级表达）。

根据选择区域基础地形分析结果图 5.1.32，可以看出该区域高程 14～93m，属于平原区域，适宜耕作和建设；根据坡度分析结果和地形起伏度分析结果，只有小部分区域坡度超过 20°且地形起伏度较大，不适宜耕作和建设。坡向分析主要影响农作物生产，根据分析结果合理规划农业布局。

（2）城镇建设区用地适宜性分析

在生态保护极重要区以外的区域，开展城镇建设适宜性评价，着重识别不适宜城镇建设的区域。

一般将水资源短缺，地形坡度大于 25°，海拔过高，地质灾害、海洋灾害危险性极高的区域，确定为城镇建设不适宜区。各地可根据当地实际细化或补充城镇建设限制性因素并确定具体判别标准。

海洋开发利用主要考虑港口、矿产能源等功能，将海洋资源条件差、生态风险高的区域，确定为海洋开发利用不适宜区。

对城镇建设适宜性评价结果进行专家校核，综合判断评价结果的科学性与合理性，对明显不符合实际的，应开展必要的现场核查。

① 选取评价因子

城镇建设适宜性评价的单项评价，分为土地资源评价、水资源评价、气候评价、环境评价和灾害评价以及区位优势度评价。

② 搜集数据确定评价因子

C1 地资源单因子评价评价：DEM 数据

利用全域 DEM 计算地形坡度，按 ≤3°、3°～8°、8°～15°、15°～25°、＞25° 生成坡度分级图，将城镇建设土地资源划分为高、较高、中等、较低、低 5 级。农业部分是按 ≤2°、2°～6°、6°～15°、15°～25°、＞25° 划分为高（平地）、较高（平坡地）、中等（缓坡地）、较低（缓陡坡地）、低（陡坡地）5 个等级。

地形起伏度修正：地形起伏度的计算依靠"焦点统计"工具。其中"邻域分析"，建议采用 9×9，如果是 30m 精度的 DEM，建议采用 15×15。对于地形起伏度＞200m 的区域，将初步评价结果降 2 级，地形起伏度在 100～200m 之间的，将初步评价结果降 1 级作为城镇土地资源等级。

C2 水资源单因子评价

搜集数据：行政区划 .shp 文件、水资源总量表。先搜索或者去当地水利部门（水文局）获取水资源数据，去水文局网上获取水资源公报数据，最好是水资源总量数据。

将水资源总量与各个区划矢量数据挂接，计算水资源总量模数，计算公式如下：

水资源总量模数（万 m^3/km^2）＝水资源总量（亿 m^3/km^2）×10000/面积（km^2）

要素转栅格（转换工具——转为栅格——要素转栅格），输入行政区划图，字段选择模数值，然后按照表 5.1.4 进行重分类，

水资源分类参考表　　　　　　　　　　　　　　　　　表 5.1.4

水资源总量模数	＜5 万/(m³/km²)	5 万～10 万/(m³/km²)	10 万～20 万/(m³/km²)	20 万～50 万/(m³/km²)	＞50 万/(m³/km²)
水资源等级	差	较差	一般	较好	好
判别矩阵数值	1	2	3	4	5

C3 气候单因子评价

数据来源：

中国气象背景数据集（可获取年均温度）：http://www.resdc.cn/DOI/doi.aspx?

DOIid＝39

中国气象数据网（可获取月/年均温度、湿度）：http：//data. cma. cn/

WorldClim（可获取年均温度）：WorldClim

AATSR：level 3 university of leicester land surface temperature（LST）product v2. 1（可获取年均温度）：AATSR：Level 3 University of Leicester Land Surface Temperature（LST）product（UOL＿LST＿3P），v2. 1

http：//5. Climate. gov（可获取月/年均温度）：Monthly Climatic Data for the World-Data Tables

全国温室数据系统：全国温室数据系统

评价方法：温度数据和湿度数据与行政区划挂接，矢量转栅格得到

各行政区划月均温度栅格数据（注意温度用华氏摄氏度）

各行政区划月均空气相对湿度栅格数据

根据双评价指南里气候评价的要求，利用栅格计算器按照如下公式：

温湿指数 $THI=T$ 月均温度（华氏温度）$-0.55\times$（$1-$月均空气相对湿度 f）$\times$（$T-58$）对上面两个图层进行计算，然后按照表 5.1.5 进行重分类。

舒适度分级标准　　　　　　　　　　　　　　　　　表 5. 1. 5

分级标准	舒适度等级
60～65	7（很舒适）
56～60 或 65～70	6
50～56 或 70～75	5
45～50 或 75～80	4
40～45 或 80～85	3
32～40 或 85～90	2
＜32 或＞90	1（很不舒适）

C4 灾害单因子评价

地质灾害危险性评价

地震危险性评价

数据：地震动峰值加速度和抗震设防烈度　中国地震动参数区划图

地质活动断层数据来源：地震活动断层探察数据中心 http：//www. activefault-data-center. cn/

地震动峰值加速度和抗震设防烈度数据来源：中国地震动参数区划图 http：//www. gb18306. net/

第一步：活动断层距离分析：距离分析工具或者多环缓冲区工具，等级确定参考表 5.1.6。

灾害等级分级标准 表 5.1.6

等级	距断裂层距离	风险等级
稳定	单侧 500m 以外	低
次稳定	单侧 200～500m	较低
次不稳定	单侧 200～100m	一般
不稳定	单侧 100～30m	较高
极不稳定	单侧 30m 以内	高

第二步：地震动峰值加速度评价（表 5.1.7）

地震动峰值加速度评价表 表 5.1.7

等级	低	较低	一般	较高	高
地震动峰值加速度	≤0.05	0.1	0.15	0.2	≥0.3

第三步：利用栅格计算器对上两个评价结果进行计算，按照判别矩阵重新进行分类。

C5 区位优势度单因子评价

搜集数据：区域路网数据

评价方法：网络分析之等时圈计算（OD 矩阵或者服务区分析）、线密度分析工具

步骤：

交通网络分析：计算等时圈分 5 个等级

道路交通网络密度：利用线密度分析（或者核密度分析）工具，然后重分类 5 个等级

加权叠加，重新分类

综合评价：对以上单因子评价进行叠加分析，然后对综合评价结果进行重分类（图 5.1.33）。

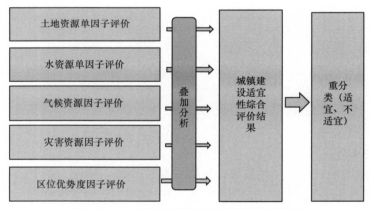

图 5.1.33 城镇建设用地适宜性综合评价图

第二节 成 果 要 求

1. 课程成果形式

（1）个人成果

① A1 排版（3 张以上，A3 尺寸打印）、汇报 PPT（10 分钟），共享部分低于 20%

② 个人图纸（不少于 12 张），共享部分低于 20%

③ 文本或者说明书个人完成部分

④ 各阶段草图（纸质版存档）

电子文件，个人电子文件以文件夹形式归入全组光盘内，并上传百度网盘。

（2）团队成果

① 分组要求：每组成员不多于 5 人，设组长一名；草图阶段应有对比方案研讨过程

② 小组调研报告一份（要求图文并茂，文字部分不少于 1500 字）

③ 每组完成与选题一致的全套规划成果一本（文本、说明书、图纸），成果汇报 PPT 一份

各类规划应符合国家相关法律法规的深度要求；突出创新与可实施内容，并形成独立章节论述。

电子文件，全组电子光盘一份，并上传网盘。

2. 成果深度要求

（1）内容要求

① 确定规划范围内不同性质用地的界线，确定各类用地内适建、不适建或者有条件地允许建设的建筑类型；

② 确定各地块建筑高度、建筑密度、容积率、绿地率等控制指标；

③ 确定公共设施配套要求、交通出入口方位、停车泊位、建筑后退红线距离等要求；

④ 提出各地块的建筑体量、体型、色彩等城市设计指导原则；

⑤ 根据交通需求分析，确定地块出入口位置、停车泊位、公共交通场站用地范围和站点位置、步行交通以及其他交通设施；规定各级道路的红线、断面、交叉口形式及渠化措施、控制点坐标和标高；

⑥ 根据规划建设容量，确定市政工程管线位置、管径和工程设施的用地界线，进行管线综合；确定地下空间开发利用具体要求；

⑦ 制定相应的土地使用与建筑管理规定。

每名学生选择 1~2 个方向进行研究和设计，并完成 6~7 块不同地块的分图图则。

（2）成果要求

① 小组控规图册，一套完整成果，包括文本、图纸、图则、说明书；

② 个人图册图纸 A0 排版，每人不少于 3 张，本人完成工作内容的表达。

第三节　说明书、文本撰写

控制性详细规划的文本与图则是相辅相成的。要实现规划控制的意图，单靠控制性详细规划文本文字性控制或控制性详细规划分图图则图形化控制都无法达到理想的效果，因此，一般应当将两者结合使用。另外，文本在什么时候、什么地方、哪些方面使用也要说明，即说明文本的适用范围。同时，规划文本、图则的法律地位、强制性条款指标内容设

置也要明确说明。

说明书内容一般如下：

第一章：总论

涵盖规划背景（国家、省市、县级），从国家战略城乡关系的转型到我国出台的第一个全面推进乡村振兴战略的五年规划，再到全面落实乡村振兴战略 20 字总要求，辽宁省层面启动"千村美丽，万村整洁"的实施方案，以习近平新时代中国特色社会主义思想为指导，加快推进国土空间规划体系建设，充分发挥控制性详细规划在国土空间规划中承上启下的作用。同时严格遵循规划依据、规划指导思想以及规划原则，确立街道内容框架。根据规划方案的可实施性，严格控制规划期限，给未来发展留出充足预期，确定规划范围，严守控制红线。进行技术路线的梳理并对工作中的重难点进行整理。

第二章：相关规划解读

对上位规划进行解读（国土空间规划、各类专项规划等），包括镇域职能（生态功能、生产功能、生活功能等）、镇区规模（人口规模、建设规模）、产业发展等，同时对形成的空间格局进行分析，了解未来的发展方向，确定区域产业的发展规模，同时了解分析未来的发展重点，有针对性地进行经营，形成良好的发展前景，并针对特色进行农产融合，对城镇建设进行融合发展，带动区域土地的开发。

第三章：现状概况

对镇域内的自然概况进行调查，包括地理区位、自然地理条件（地形地貌、水文、自然资源、气候），同时对现状用地的数据进行汇总，充分了解现状面积大小及占比关系，针对现状村屯的发展，对一、二、三产进行梳理总结，分析优势劣势，同时也要对现状的道路交通情况、水系以及公共服务设施、市政设施等情况进行资料查找、收集，并为未来当地规划提供依据。

第四章：规划发展定位和构思

对规划区的规模（用地规模、人口规模）进行确定，同时寻找相关案例进行分析，解读、学习案例中优秀方法，并对村庄进行 SWOT 分析，全面总结分析优缺点，并对机遇和挑战进行全方面的思考，同时对方案、理念和策略等进行构思，最后对整个村庄进行总结，对功能定位进行梳理，总结概括村未来发展方向，并整理发展支撑等一系列内容。

第五章：规划结构与功能布局

通过分析基地场地特征以及同周边区域的关系，打造全域空间规划发展结构，设立轴线和片区，分区发展，充分发挥各区域职能，统筹规划各类用地总体布局以及重点，规划社区配套设施，针对特殊用地布置内容，附用地分类统计表。

第六章：土地使用规划和建筑规划管理

对土地使用控制，包括用地分类原则、用地布局、用地兼容性规定、管理规定等，通过查找用地分类，精准赋予用地属性，同时充分考虑用地布局合理性，对地块进行多种用地兼容，使功能更加完善，同时还需要对容积率等指标进行计算，便于未来村庄进行土地出让。还应严格管控建筑高度、后退高度、绿地率等一系列强制指标，对空间的设计进行识别，以适合乡镇的尺度规模。

第七章：道路交通规划

　　了解学习道路交通规划原则、道路交通系统规划、道路竖向规划，同时调研区域现状道路，分析现状道路存在哪些缺陷，能否满足居民的日常生活需求，并在规划中对道路系统进行重新梳理规划，对道路进行增设以及拓宽处理，构建合理且完善的道路系统，满足当地人民的生产生活需要。

　　第八章：公共服务设施规划与控制

　　分析公共服务设施现状及存在的问题，合理规划构建未来区域公共服务设施布局，并对公共服务设施进行分类，分项规划，全面满足居民的生活所需，同时对配套设施的规模以及建设方式等进行规划设置，并考虑人口规模和实际的未来需求，为未来的区域发展留有充足条件。

　　第九章：环境容量控制

　　对容积率、建筑密度、绿地率等强制性指标进行计算，同时还需注意建筑规划控制包括建筑限高、建筑后退、建筑界面控制等指标。

　　第十章：景观风貌控制

　　图则部分加入城市设计的目标、指导原则及相关指标，对图则要求的通风管道、绿化等进行详尽的说明。

附表一

乡镇控制性详细规划指标体系参考表 附表 1-1

指标体系分类		控制内容	指标属性		
1. 土地使用	土地使用控制	用地边界		▲	
		用地面积		▲	
		用地性质	★	▲	
		四线控制	★	▲	
		竖向设计		▲	
		用地使用兼容性		▲	
		地下空间利用			△
	使用强度控制	容积率	★	▲	
		建筑密度	★	▲	
		人口密度		▲	
		住宅建筑套密度	★	▲	
		住宅面积净密度	★	▲	
		绿地率	★	▲	
2. 建筑控制	建筑建造控制	建筑限高	★	▲	
		建筑后退		▲	
		建筑间距		▲	
	引导性指标	建筑体量			△
		建筑色彩			△
		建筑形式			△
		历史保护			△
		景观风貌要求			△
		建筑空间组合			△
		建筑小品设置			△
3. 配套设施	公共管理与公共服务设施设置	行政办公设施		▲	
		文化设施	★	▲	
		教育科研设施	★	▲	
		体育设施	★	▲	
		医疗卫生设施	★	▲	
		社会福利设施	★	▲	

续表

指标体系分类		控制内容	指标属性		
		其他公共设施			△
	商业服务业设施设置	商业服务业设施		▲	
	公用设施设置	公用设施	★	▲	
4. 道路交通	道路与交通设施控制	乡镇道路	★	▲	
		交通设施	★	▲	
		人行和自行车交通系统		▲	
		配件停车位		▲	
		其他交通设施			△

注：表中标示★为强制性内容，▲为常用基本指标，△可选用指标。

用地用海分类名称、代码表

附表 1-2

一级类		二级类		三级类	
代码	名　称	代码	名　称	代码	名　称
01	耕地	0101	水田		
		0102	水浇地		
		0103	旱地		
02	园地	0201	果园		
		0202	茶园		
		0203	橡胶园		
		0204	其他园地		
03	林地	0301	乔木林地		
		0302	竹林地		
		0303	灌木林地		
		0304	其他林地		
04	草地	0401	天然牧草地		
		0402	人工牧草地		
		0403	其他草地		
05	湿地	0501	森林沼泽		
		0502	灌丛沼泽		
		0503	沼泽草地		
		0504	其他沼泽地		
		0505	沿海滩涂		
		0506	内陆滩涂		
		0507	红树林地		

一级类		二级类		三级类	
代码	名　称	代码	名　称	代码	名　称
06	农业设施建设用地	0601	乡村道路用地	060101	村道用地
				060102	村庄内部道路用地
		0602	种植设施建设用地		
		0603	畜禽养殖设施建设用地		
		0604	水产养殖设施建设用地		
07	居住用地	0701	城镇住宅用地	070101	一类城镇住宅用地
				070102	二类城镇住宅用地
				070103	三类城镇住宅用地
		0702	城镇社区服务设施用地		
		0703	农村宅基地	070301	一类农村宅基地
				070302	二类农村宅基地
		0704	农村社区服务设施用地		
08	公共管理与公共服务用地	0801	机关团体用地		
		0802	科研用地		
		0803	文化用地	080301	图书与展览见地
				080302	文化活动用地
		0804	教育用地	080401	高等教育用地
				080402	中等职业教育用地
				080403	中小学用地
				080404	幼儿园用地
				080405	其他教育用地
		0805	体育用地	080501	体育场馆用地
				080502	体育训练用地
		0806	医疗卫生用地	080601	医院用地
				080602	基层医疗卫生设施用地
				080603	公共卫生用地
		0807	社会福利用地	080701	老年人社会福利用地
				080702	儿童社会福利用地
				080703	残疾人社会福利用地
				080704	其他社会福利用地
09	商业服务业用地	0901	商业用地	090101	零售商业用地
				090102	批发市场用地
				090103	餐饮用地
				090104	旅馆用地
				090105	公用设施营业网点用地

一级类		二级类		三级类	
代码	名　称	代码	名　称	代码	名　称
09	商业服务业用地	0902	商务金融用地		
		0903	娱乐康体用地	090301	娱乐用地
				090302	康体用地
		0904	其他商业服务业用地		
10	工矿用地	1001	工业用地	100101	一类工业用地
				100102	二类工业用地
				100103	三类工业用地
		1002	采矿用地		
		1003	盐田		
11	仓储用地	1101	物流仓储用地	110101	一类物流仓储用地
				110102	二类物流仓储用地
				110103	三类物流仓储用地
		1102	储备库用地		
12	交通运输用地	1201	铁路用地		
		1202	公路用地		
		1203	机场用地		
		1204	港口码头用地		
		1205	管道运输用地		
		1206	城市轨道交通用地		
		1207	城镇道路用地		
		1208	交通场站用地	120801	对外交通场站用地
				120802	公共交通场站用地
				120803	社会停车场用地
		1209	其他交通设施用地		
13	公用设施用地	1301	供水用地		
		1302	排水用地		
		1303	供电用地		
		1304	供燃气用地		
		1305	供热用地		
		1306	通信用地		
		1307	邮政用地		
		1308	广播电视设施用地		
		1309	环卫用地		
		1310	消防用地		
		1311	干渠		
		1312	水工设施用地		
		1313	其他公用设施用地		

一级类		二级类		三级类	
代码	名　称	代码	名　称	代码	名　称
14	绿地与开敞空间用地	1401	公园绿地		
		1402	防护绿地		
		1403	广场用地		
15	特殊用地	1501	军事设施用地		
		1502	使领馆用地		
		1503	宗教用地		
		1504	文物古迹用地		
		1505	监教场所用地		
		1506	殡葬用地		
		1507	其他特殊用地		
16	留白用地				
17	陆地水域	1701	河流水面		
		1702	湖泊水面		
		1703	水库水面		
		1704	坑塘水面		
		1705	沟渠		
		1706	冰川及常年积雪		
18	渔业用海	1801	渔业基础设施用海		
		1802	增养殖用海		
		1803	捕捞海域		
19	工矿通信用海	1901	工业用海		
		1902	盐田用海		
		1903	固体矿产用海		
		1904	油气用海		
		1905	可再生能源用海		
		1906	海底电缆管道用海		
20	交通运输用海	2001	港口用海		
		2002	航运用海		
		2003	路桥隧道用海		
21	游憩用海	2101	风景旅游用海		
		2102	文体休闲娱乐用海		
22	特殊用海	2201	军事用海		
		2202	其他特殊用海		
23	其他土地	2301	空闲地		
		2302	田坎		

一级类		二级类		三级类	
代码	名　称	代码	名　称	代码	名　称
23	其他土地	2303	田间道		
		2304	盐碱地		
		2305	沙地		
		2306	裸土地		
		2307	裸岩石砾地		
24	其他海域				

公共设施项目配置　　　　　附表 1-3

类　别	项　目	中心镇	一般镇
一、行政管理	1. 党政、团体机构	●	●
	2. 法庭	○	—
	3. 各专项管理机构	●	●
	4. 居委会	●	●
二、教育机构	5. 专科院校	○	—
	6. 职业学校、成人教育及培训机构	○	○
	7. 高级中学	●	○
	8. 初级中学	●	●
	9. 小学	●	●
	10. 幼儿园、托儿所	●	●
三、文体科技	11. 文化站（室）、青少年及老年之家	●	●
	12. 体育场馆	●	○
	13. 科技站	●	○
	14. 图书馆、展览馆、博物馆	●	○
	15. 影剧院、游乐健身场	●	○
	16. 广播电视台（站）	●	○
四、医疗保健	17. 计划生育站（组）	●	●
	18. 防疫站、卫生监督站	●	●
	19. 医院、卫生院、保健站	●	○
	20. 休疗养院	○	—
	21. 专科诊所	○	○
五、商业金融	22. 百货店、食品店、超市	●	●
	23. 生产资料、建材、日杂商品	●	●
	24. 粮油店	●	●
	25. 药店	●	●
	26. 燃料店（站）	●	●
	27. 文化用品店	●	●
	28. 书店	●	●
	29. 综合商店	●	●

续表

类　别	项　目	中心镇	一般镇
五、商业金融	30. 宾馆、旅店	●	○
	31. 饭店、饮食店、茶馆	●	●
	32. 理发馆、浴室、照相馆	●	●
	33. 综合服务站	●	●
	34. 银行、信用社、保险机构	●	○
六、集贸市场	35. 百货市场	●	○
	36. 蔬菜、果品、副食市场	●	●
	37. 粮油、土特产、畜、禽、水产市场	根据镇的特点和发展需要设置	
	38. 燃料、建材家具、生产资料市场		
	39. 其他专业市场		

注：表中●——应设的项目；○——可设的项目。

乡镇控制性详细规划指标体系中建议增加的低碳生态指标及赋值建议　　附表 1-4

分类	序号	指标名称	指标赋值建议
生态环境	1	绿地率	建成区绿地率提升项不小于 35%
	2	每 100m 绿地乔木量	每 100m 绿地中的乔木株数不少于 3 株
	3	本地木本植物比例	本地植物比例不小于 80%
	4	可上人屋面绿化屋面积比例	新建公共建筑和住宅建筑可上人屋面绿化面积比例不低于 50%
	5	下凹绿地率	下凹绿地面积约占总绿地面积的比例不小于 20%
	6	硬质地面透水面积比例	地上及地下建筑密度越高的地块，透水地面比例越低，反之则越高；未建地块达到《绿色建筑评价标准》GB/T 50378—2019 所规定的透水地面比不小于 45% 的要求
绿色交通	1	公交线路网密度	公共交通线路网的密度应达到 2～2.5km/km^2
	2	路网密度	按照国标规范 3-8
	3	公交站点可达性	以 5min 步行为可接受时间，1m/s 速度计，居民步行到达公交站点合适距离为 300m
	4	公共绿地可达性	步行 500m 可达
	5	公共设施可达性	步行 500m 可达中小学、托幼
建筑能源	1	建筑节能率	公共建筑节能率达到 65%；居住建筑节能率达到 65%
	2	绿色建筑设计达标率	绿色建筑设计达标率 100%
	3	可再生能源比例	可再生能源在建筑领域能源消耗比例达到 15% 以上
市政工程与资源节约利用	1	供水管网漏损率	供水管网漏损率控制在 10% 以下
	2	雨水利用能力	雨水蓄存设施容积 >150m^3/hm^2
	3	集中供热率	集中供热率达到 95%
	4	环境水质达标率	达到地表水环境质量Ⅰ类标准的水环境面积 >80%
	5	污水收纳率	污水收纳率达到 100%
	6	燃气化率	燃气化率达到 100%
	7	垃圾清运率	垃圾清运率达到 100%，每天收运 2 次

注：可根据乡镇地方气候、环境、文化、经济差异，因地制宜进行指标赋值。

附表二

土地批租情况调查表
附表 2-1

序 号	用地单位	用地性质	用地面积/hm²	主要规划指标				备注
				容积率	密度	建筑高度	绿地率	

土地经济分析统计表
附表 2-2

项目名称	项目性质	用地规模	建设规模	土地出让价格	建安成本	基础设施建设费用	开发费用	销售价格	容积率	备注

对外交通线一览表
附表 2-3

类 型	名 称	长度/km	控制宽度/m	等级	两侧绿带	备 注
高铁						
高速公路						
公路						
总计						

对外交通站场一览表
附表 2-4

类 型	名 称	等 级	规模/(人次/年)	用地面积/hm²	备 注
高铁站场					
高速公路出入口（收费口）					
长途汽车站					
总计					

现状道路一览表　　　　　　　　　　　　　　　　附表 2-5

类　别	路　名	走　向	起讫点	红线宽度/m	标准横断面 （形式、车道）	备　注

公共交通设施一览表　　　　　　　　　　　　　　附表 2-6

序　号	名　称	性　质	用地面积（停车位）	备　注
	总计			

现状教育设施一览表　　　　　　　　　　　　　　附表 2-7

序　号	学校名称	规模/班	用地面积/hm²	学生数	教职工数	所在位置
	小学小计					
	中学小计					
	高中（职高）					
	大学（大专）					
	总　计					

现状文化设施一览表

附表 2-8

序　号	名　称	面积/hm²	所在位置	备　注
	总　计			

现状卫生设施一览表

附表 2-9

序　号	名　称	床位数/个	面积/hm²	所在位置	服务范围
	总计				

现状体育设施一览表

附表 2-10

序　号	名　称	面积/hm²	所在位置	备　注
	总　计			

现状绿地、水体一览表

附表 2-11

类　型	序　号	名　称	用地面积/hm²	所在位置	备　注
公共绿地					
	小　计				
生产防护绿地					
	小　计				
水　体					
	小　计				
总　计					

现状给水、排水设施一览表　　　　　　　　附表 2-12

类　别	序　号	名　称	规　模	用地面积/hm²	所在位置	备　注
		总　计				

现状电力、电信、邮政、燃气、热力设施一览表　　　　　　　　附表 2-13

类　别	序　号	名　称	用地面积/hm²	建筑面积/m²	所在位置	备　注
		总　计				

现状环卫设施一览表　　　　　　　　附表 2-14

类　别	序　号	名　称	用地面积 /hm²	所在地块编号	备　注
	总　计				

现状防灾设施一览表　　　　　　　　附表 2-15

序　号	名　称	面积/hm²	所在地块编号	备　注
	总　计			

附录 说明书案例

参 考 文 献

[1] 中华人民共和国城乡规划法(全国人民代表大会常务委员会.2019年4月最新修订).
[2] 城市、镇控制性详细规划编制审批办法(全国人民代表大会常务委员会.2011年1月1日施行).
[3] 常军.城乡规划的控制探讨[J].城市规划,2010(3).
[4] 夏南凯,田宝江.控制性详细规划[M].上海:同济大学出版社,2009.
[5] 张志斌.控制性详细规划实效性的探索[J].现代城市研究,2011(3).
[6] 金广君,钱芳.健康导向下的城市滨水区空间设计探讨[J].规划师,2010(2).
[7] 史国瑞,郭子成.城市事件视角下的城市设计探索[J].规划师,2012(增28).
[8] 李雪飞,何流,张京祥.基于《城乡规划法》的控制性详细规划改革探讨[J].规划师,2009(8).
[9] 何鹤鸣,罗震东,李雪飞.新形势下控制性详细规划指标确定方法探索[J].规划师,2009(10).
[10] 顾小平,沈德熙,唐历敏.城市规划资料集:控制性详细规划[M].北京:中国建筑工业出版社,2002.
[11] 于灏.近年来控制性详细规划编制方法变化初探[J].
[12] 张曾芳,张龙平.运行与演变[M].南京:东南大学出版社,2000.
[13] 唐历敏.走向有效的规划控制和引导之路[J].城市规划,2006:28-33.
[14] 袁建甫.论新世纪城市发展潮流及我国城市发展方向.第二版[M].鄂州:鄂州大学出版社,2001.
[15] 韦少港.城市地质学与城市规划研究探讨.第三版[M].南昌:南昌江西科学出版社,2011.
[16] 姜宇.我国城市规划的现状及发展趋势.黑龙江科技信息,2011(9).
[17] 邹德慈.城市规划导论.第二版[M].北京:中国建筑工业出版社,2002.
[18] 李德华.城镇规划体系.第三版[M].北京:中国建筑工业出版社,2001.
[19] 张晶.基于工程教育专业认证的课程教学改革:以控制性详细规划课程为例[J].浙江科技学院学报,2018,30(6):512-516,522.
[20] 胡昕宇,杨惠雅.基于问题导向教学的城乡规划本科教学[J].高教学刊,2018(24):96-98.
[21] 付晓萌,王新文.2018城市规划·长安论坛会议综述[J].建筑与文化,2018(12):252-255.
[22] 马颖忆,刘志峰,张启菊等.工科城乡规划专业地理类课程整合与内容渗透的思考[J].教育教学论坛,2018(50):248-249.
[23] 刘红霞.城乡规划专业应用型人才培养模式研究[J].低碳世界,2018(12):324-325.
[24] 郭逸春.城乡规划背景下的旅游发展研究[J].河南建材,2018(6):419-420.
[25] 栾佳艺,张雪瑶,周岩.国内城市规划应对老龄化社会的相关研究综述[J].山西建筑,2018,44(35):18-19.
[26] 贺易萌,刘磊.我国城乡规划实施评估的问题与改进[J].山西建筑,2018,44(35):27,138.
[27] 岳阳市机动车停车条例[N].岳阳日报,2018-12-08(004).
[28] 菏泽市城乡规划条例[N].菏泽日报,2018-12-07(004).
[29] 张伟,吴伟东,周宝娟等.基于职业资格标准的城乡规划专业课程体系构建:以安徽科技学院为例[J].经贸实践,2018(23):244-245.
[30] 张勇.新型城镇化背景下城乡规划的转型思考[J].民营科技,2018(12):240.
[31] 罗敏讷.关于武汉构建乡村建设规划体系的思考[N].长江日报,2018-12-06(006).

[32] 于明旭."多规合一"背景下徐州市城乡规划问题与对策研究[J].科学技术创新,2018(34):100-101.

[33] 陈永强,张茜,刘子健等.面向规划与国土资源管理全周期管控的遥感综合应用[J].山西建筑,2018,44(34):26-28.

[34] 李亚春.坚持规划引领全面实施乡村振兴战略[J].山西建筑,2018,44(34):240-242.

[35] 栾佳艺,杨小泽,张雪瑶.低碳生态视角下对城乡规划的几点思考[J].山西建筑,2018,44(34):36-37.

[36] 刘龙."应用型"城乡规划设计类课程体系建设分析[J].当代教育实践与教学研究,2018(11):97-98.

[37] 陈宏韬.小城镇绿化规划理念与技术研究[J].中华建设,2018(11):84-85.

[38] 许德丽,吉燕宁.小城镇规划设计中乡村旅游资源的保护与开发研究[J].环境与发展,2018,30(11):210-211.

[39] 徐奕然,王征.中国城市规划协会2018年全国城乡规划编制研究中心年会圆满召开[J].江苏城市规划,2018(11):2.

[40] 城市迈向更新时代:2018年全国城乡规划编制研究中心年会学术综述[J].江苏城市规划,2018(11):4-5.

[41] 郑文含,许景.江苏城市与区域地理发展溯源与思考:对话中国科学院南京地理与湖泊研究所研究员丁景熹[J].江苏城市规划,2018(11):6-7.

[42] 邹钟磊,杨文平,赖奕锟等.乡村振兴战略下的乡村建设问题及规划对策:以汉源乡村建设规划为例[J].城市发展研究,2018,25(11):8-16.

[43] 程汉鹏.村庄规划"接地气",群众有了话语权[N].贵州日报,2018-11-26(005).

[44] 雷林玉,林霞.海南省农垦设计院[J].建筑设计管理,2018,35(11):8-9.

[45] 周永思.城乡规划及建设中存在的土地资源问题及改善措施[J].建筑设计管理,2018,35(11):72-74.

[46] 安蓓.漳浦建筑工地播放安全教育片[J].就业与保障,2018(22):9.

[47] 张鹏程,何华贵,杨梅等.基于时空信息云平台的城乡规划辅助决策系统设计与实现[J].测绘与空间地理信息,2018,41(11):9-11,17.

[48] 贵阳市人民政府关于修改部分规章的决定[N].贵阳日报,2018-11-25(002).

[49] 程守军.村镇规划建设中的存在的问题及应对措施[J].居业,2018(11):14,16.

[50] 高登级.各阶段城乡规划编制的侧重点分析[J].居业,2018(11):31-32.

[51] 庄晓明.高校城乡规划专业应用型人才培养问题探讨[J].智库时代,2018(47):72-73.

[52] 赵家辉,陈丹阳.乡村农房改造设计问题研究:以上饶市婺源县秋口镇李坑村为例[J].建材与装饰,2018(46):93-94.

[53] 付劲英.着重于分层讲评互换式的城市总体规划课程教学改进[J].技术与市场,2018,25(11):192-193.

[54] 王欣凯,张倩茜,王瑶等.基于公众参与的交互式规划评估框架[J].建筑与文化,2018(11):56-58.

[55] 徐凡.浅谈土地规划管理与城乡规划实施的关系[J].山西农经,2018(21):40.

后 记

　　笔者从事城乡规划教学与研究工作至今已经有十余个年头。乡镇控制性详细规划的主要内容为探索国土空间背景下乡镇详细规划设计的新方法、新方向，对现状村镇体系规划进行补充和完善，以及具体落实上位规划。课程内容选取依托建筑与规划学院省级产业学院真实项目，立足辽宁省经济社会发展需求，真题真做，服务乡村。目前在教学过程中发现，针对乡镇控制性详细规划的相关教材可选择性较小，而且专业性强，对于学习这门课程的城乡规划专业学生价值有限。本教材为了提升学生对乡镇控制性详细规划知识点的掌握度，减少了经济、社会、地理学等较为困难的相关学科内容，而是增加了国土空间规划背景下更具实用性的控制性详细规划编制内容，根据乡镇控制性详细规划上课过程中的具体环境、知识点配以贴切、详实的案例，增强学生对知识的掌握度，提高与实践的贴合度。

　　本教材写作内容分配如下：

　　承担主编工作的有：吉燕宁（撰写第一章、第四章内容）、钟鑫（撰写第三章第一至四节、第五章内容）、姜岩（撰写第三章第五节内容）。

　　承担副主编工作的有：麻洪旭撰写第二章第一节内容；徐莉莉撰写第四章第一节；杨宇楠撰写第二章第二节；王洪达撰写第四章第三节、第五节；刘天博撰写第四章第四节；郭宏斌撰写第一章第三节；郝燕泥撰写第五章第三节；郝从娜撰写第五章第一节；许德丽撰写附录、参考文献等内容；罗健负责教材的整理和校对工作。

　　本书撰写过程中参考了大量专家学者的研究成果，或为直接引用，或为转化运用，在此对各位专家学者的研究表示敬意和谢意，并以参考文献方式呈现，其间如有疏漏，敬请各位专家学者海涵！再次敬表谢意！